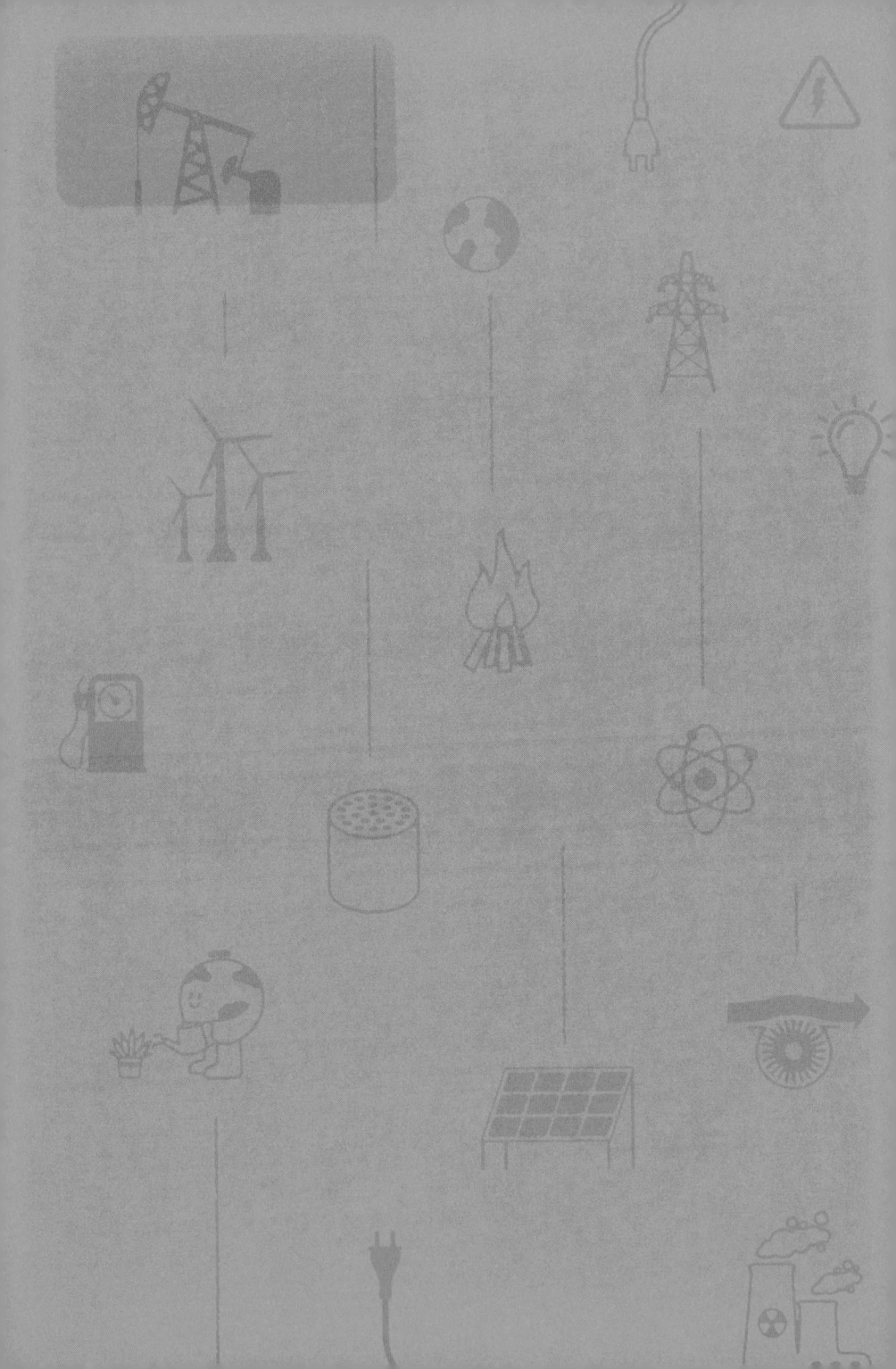

세상을 바꾼 에너지의 역사

요즘 청소년을 위한
에너지 이야기

세상을 바꾼 에너지의 역사
요즘 청소년을 위한 에너지 이야기
1판 1쇄 펴낸날 2025년 7월 6일

글 이권우
펴낸이 정종호
펴낸곳 (주)청어람미디어
편집 황지희
디자인 황지희, 이원우
마케팅 강유은, 박유진
제작·관리 정수진
인쇄·제본 (주)성신미디어
등록 1998년 12월 8일 제22-1469호
주소 04045 서울시 마포구 양화로 56, 1122호
전화 02-3143-4006~4008
팩스 02-3143-4003
이메일 chungaram_media@naver.com
홈페이지 www.chungarammedia.com
인스타그램 www.instagram.com/chungaram_media

ISBN 979-11-5871-281-5 43400

세상을 바꾼 에너지의 역사

요즘 청소년을 위한

에너지
이야기

이권우 지음

✲청어람미디어

에너지는 왜 중요할까?

오늘 우리가 누리는 놀라운 문화와 문명은 어떻게 가능했을까요? 여러 이유가 있겠지만 인류가 발전 단계에 걸맞은 에너지원을 찾아내고, 이를 잘 활용했기 때문이라고 볼 수 있습니다.

불을 발견하고 나무를 활용하는 단계를 넘어, 석탄을 사용하면서 인류는 놀라운 발전을 이뤄 냈습니다. 이 시기를 '산업 혁명'이라고 부릅니다.

석탄뿐 아니라 석유, 천연가스, 원자력을 에너지원으로 삼으면서 인류는 지금껏 누려 보지 못한 경제 성장을 이뤄 왔고, 더 풍족한 삶을 살 수 있게 되었습니다. 이대로만 계속 갈 수 있다면 얼마나 좋았을까요?

꿈은 깨졌습니다. 기후 위기가 심각해졌기 때문입니다. 화석

연료를 마구 사용하다 보니 대기 중 이산화탄소가 늘었고, 그 결과 지구 평균 기온이 올라갔습니다.

현재 지구 평균 기온은 산업혁명 이전보다 약 1.5도 더워진 상태입니다. 2018년 인천 송도에서 1.5도 이상 오르지 않도록 하자고 195개 국가가 뜻을 같이했지만, 안타깝게도 실패하고 말았습니다. 이런 위기 상황 속에서 인류는 다시 재생에너지에 주목하게 되었습니다. 재생에너지란 이산화탄소로 대표되는 온실가스를 배출하지 않으면서 고갈되지 않는 에너지를 말합니다. 햇빛, 바람, 물 같은 자원이 대표적이지요. 요즘 태양광 발전, 풍력 발전 이야기가 자주 나오는 이유가 바로 여기에 있습니다.

 이제 인류가 어떤 에너지를 이용해 이토록 놀라운 문명 세계를 이루었는지, 그리고 그 최정점에서 어떤 위기를 맞이했으며 그 위기를 어떻게 극복하려고 하는지 함께 살펴봅시다.

이 책을 다 읽고 나면, 여러분도 인류를 위기에서 구하는 '작은 영웅'의 대열에 함께하게 될 거라고 믿습니다.

이권우

🫕 차례

제1장 불에서 시작된 에너지 이야기

제2장 산업을 바꾼 에너지의 등장

제3장 **점점 뜨거워지는 지구, 에너지를 바꾸자!**

에너지 역사 연표

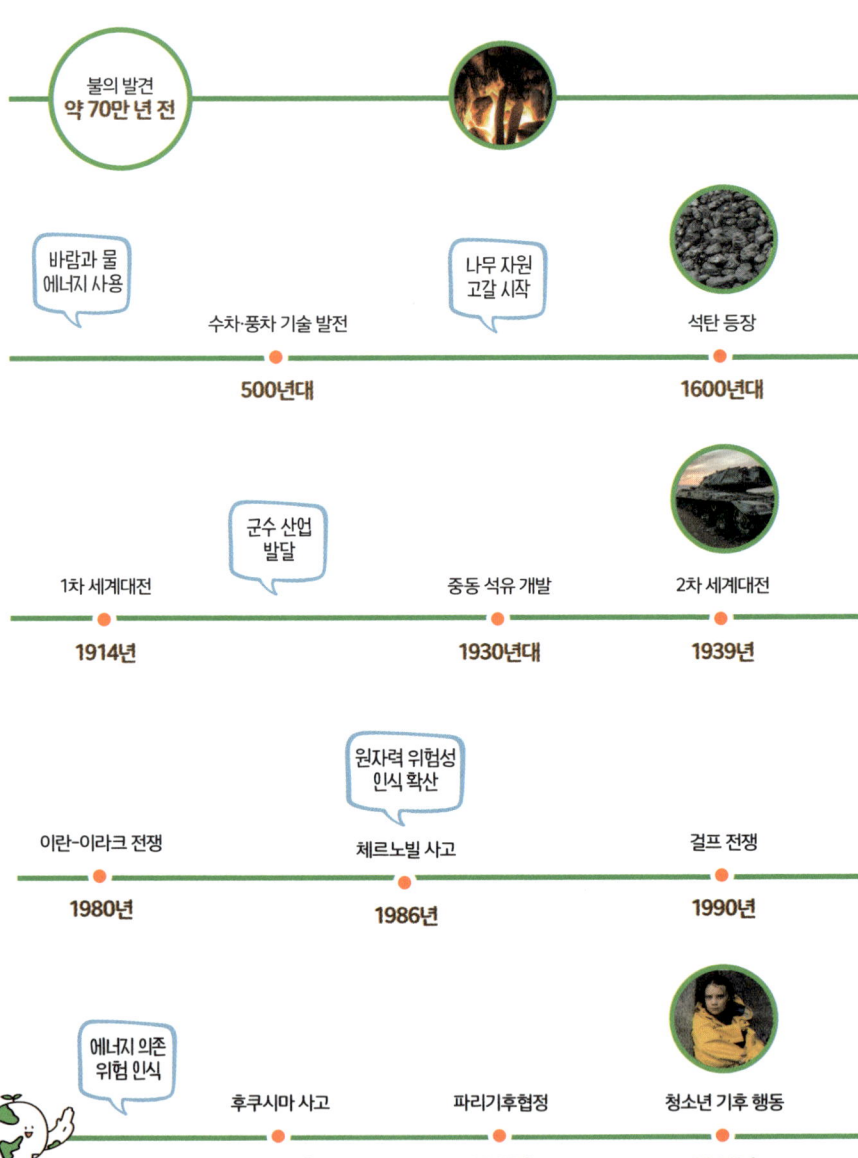

불의 발견
약 70만 년 전

바람과 물
에너지 사용

수차·풍차 기술 발전

500년대

나무 자원
고갈 시작

석탄 등장

1600년대

1차 세계대전

1914년

군수 산업
발달

중동 석유 개발

1930년대

2차 세계대전

1939년

이란~이라크 전쟁

1980년

원자력 위험성
인식 확산

체르노빌 사고

1986년

걸프 전쟁

1990년

에너지 의존
위험 인식

후쿠시마 사고

2011년

파리기후협정

2015년

청소년 기후 행동

2018년

농경의 시작

불 사용 확산
인간과 가축의 힘 이용

금속 도구 제작
장작을 이용한 열 사용

제철, 제련을 위한
연료 소비 증가

약 1만 년 전
(신석기 시대)

기원전
약 3300년
(청동기 시대)

기원전
약 1200년
(철기 시대)

석탄을 주요
에너지원으로 사용
산업혁명

야간 활동과 산업 확대
전기 등장

석유 소비 대중화
자동차 등장

1780년대

1880년대

1900년대

원자력 개발

에너지 위기

1차 오일쇼크

이란 혁명

1945년 이후

1973년

1979년

지속가능발전
개념 등장

리우 환경회의

교토의정서

풍력, 태양광 확산

1992년

1997년

2000년대

유럽
석유 및 가스
수입 중단

전기차 확산
수소에너지 개발

러시아-우크라이나 전쟁

재생에너지 전환 가속

2020년대

2022년

현재

제1장

불에서 시작된
에너지 이야기

불,
인간의
친구가 되다!

고대 그리스인은 천지창조에 대해 흥미로운 상상을 펼쳤습니다. 본래 땅과 바다, 하늘은 나누어지지 않고 뒤섞여 있었다고 생각했지요. 이 혼란스러운 상태를 그리스어로 **카오스**라고 불렀습니다. 신화에 따르면 그때는 땅도 단단하지 않았고, 출렁이는 바다도 없었으며, 공기도 투명하지 않았다고 해요.

신과 대자연이 이 혼란을 정리하기로 마음을 먹었어요. 먼저 땅과 바다를 나누고, 이 둘을 하늘과 갈라놓았지요. 가벼운 것은 하늘로 올라가고, 무거운 것은 땅으로 내려왔습니다. 마침내 세상에 질서가 생겼어요. 별이 빛났고, 물고기는 바다를 헤엄쳤으며, 새는 하늘을 날았고, 네발짐승은 땅을 디뎠습니다.

사람은 어떻게 만들어졌을까요?

    모든 것이 좋아 보였지만 한 가지 아쉬운 점이 있었지요. 그건 바로 '수준 높은 존재', 즉 **인간**이 없었다는 점입니다. 그래서 신은 인간을 창조하기로 했습니다. 제우스는 신을 공경할 인간과 짐승을 만들라는 임무를 프로메테우스에게 주었습니다. 그는 흙에 물을 붓고 반죽해서, 신의 모습을 닮은 인간을 빚었습니다. 프로메테우스라는 이름은 '먼저 깨달은 자'라는 뜻입니다.

    아테나 여신은 프로메테우스 곁에서 도움을 줬습니다. 프로메테우스가 진흙으로 만든 인간에게 아테나는 영혼을 불어넣었지요.

    프로메테우스에게는 에피메테우스라는 동생이 있었는데,

'뒤늦게 깨달은 자'라는 뜻이에요. 그는 뭇 생명체에게 살아가는 데 필요한 능력을 나눠 주는 임무를 맡았습니다.

에피메테우스는 동물에게 선물을 하나씩 골라 나눠 주었습니다. 독수리에게는 날개를, 호랑이에게는 발톱을, 거북이에게는 딱딱한 등껍질을 주었지요. 하지만 아직 인간에게는 아무런 **선물**도 주지 않았습니다.

인간에게 남은 건 아무것도 없었어요

프로메테우스는 인간을 창조할 때부터 서서 걷도록 만들었어요. 모든 동물이 네발로 걷는 것에 비해 아주 파격적인 일이었지요. 그래서 다른 동물은 고개를 숙이고 땅을 바라보지만, 인간만은 고개를 들고 하늘을 바라볼 수 있게 되었습니다.

에피메테우스는 이름대로 느리게 깨닫는 신이었습니다. 가장 좋은 능력은 인간에게 주는 게 마땅했는데, 선물을 마구 나눠 주다 보니, 아뿔싸! 인간에게 줄 것이 아무것도 남지 않았던 것입니다. 당황한 에피메테우스는 형인 프로메테우스를 찾아가 사정을 이야기하며 **인간에게 줄 선물**을 마련해 달라고 하소연했습니다.

불 덕분에 인간이 으뜸 동물이 되었어요

프로메테우스는 깊이 고민한 끝에, 인간에게 가장 필요한 것은 **불**이라고 판단했습니다. 그는 제우스의 번개, 헤라의 아궁

프로메테우스는 인간에게 가장 필요한 것은 불이라고 판단했습니다.

이, 아폴론의 태양 마차, 헤파이스토스의 대장간 중에 어딘가에서 불을 훔쳐 인간에게 선물했지요.

이 불 덕분에 인간의 역사는 새로운 국면을 맞이하게 됩니다. 불을 이용해 인간은 겨울에도 집 안을 따뜻하게 데울 수 있었고, 음식을 익혀 먹을 수 있었으며, 밤에도 불빛으로 짐승을 쫓아낼 수 있었습니다.

결국 인간이 세상의 으뜸 동물로 자리 잡을 수 있었던 것은 프로메테우스가 전해 준 불 덕분이었지요.

고대 그리스인들은
본디 땅과 바다와 하늘은 나누어지지 않고
뒤섞여 있었다고 생각했대요.

프로메테우스가
진흙으로 인간을
만들었어요!

아뿔싸! 인간에게 줄 선물이
아무것도 남아 있지 않아!

프로메테우스는 인간에게 가장 필요한 것은
불이라고 판단했어요.

인간이 으뜸 동물이 될 수 있었던 것은 불 덕분이었어요.

우리나라 신화가 알려준
불의 비밀

우리나라 우주 창조의 신화는 무가에 남아 있습니다. 무가는 무당이 굿을 하면서 부르는 노래를 말합니다. 함경도 지역의 무당이 노래한 '창세가'에 불에 관한 이야기가 나와요.

아주 먼 옛날에는 하늘과 땅이 한 덩어리처럼 붙어 있었다고 합니다. 이때 미륵이라는 신이 등장했어요. 미륵은 붙어 있던 하늘과 땅을 갈라 놓았답니다. 그때는 낮에는 해가 두 개, 밤에는 달이 두 개 있었는데, 미륵은 이를 하나씩만 남게 했습니다.

생명이 살아가려면 물과 불이 있어야 합니다. 미륵이 쥐를 붙잡아 물과 불의 근원이 무엇이냐고 물었습니다.

쥐가 되물었습니다. "알려 주면 무슨 대가가 있느냐?"

미륵은 "세상의 뒤주(곡식을 보관하는 상자)를 다 주겠다"고 약속했습니다.

신이 난 쥐는 말했어요. "불의 근원은 금덩산입니다. 한쪽은 차돌이고 한쪽은 무쇠인 돌이 있는데, 그걸 툭툭 치면 불이 나옵니다. 물의 근원은 소하산에 있는 샘물입니다."

미륵은 그렇게 물과 불을 찾은 뒤, 인간을 만들기로 했습니다. 하늘에 기도를 올렸더니 금쟁반에는 금벌레 다섯 마리, 은쟁반에는 은벌레 다섯 마리가 떨어졌다고 합니다. 금벌레는 남자가 되고, 은벌레는 여자가 되어 나중에 짝을 이루었답니다.

만약 불이 없었다면 인간이 탄생할 수 없었겠지요. 우리 신화를 보아도 불이 인류 역사에서 얼마나 중요한지 알 수 있답니다.

● 신화는 오늘날에도 의미가 있을까?

....
....
....

● 인간에게 주어진 불은 축복일까, 재앙일까?

....
....
....

● 자연과 인간은 함께 살아갈 수 있을까?

....
....
....

불을 발견한 인간, 세상을 바꾸다!

신화는 상상의 결과물입니다. 그러니 기록된 그대로 믿을 수는 없어요. 하지만 프로메테우스 신화로 **불의 발견**은 인류 역사에서 신이 준 선물처럼 여겨질 만큼 엄청난 사건이었다는 것을 알 수 있어요.

　인류라는 단어가 낯선가요? 우리는 한 사람 한 사람을 **사람**이라고 부릅니다. 하지만 모든 사람을 하나로 묶어서 말할 때는 **인류**라는 말을 써요. 예를 들어 나와 친구, 우리 가족처럼 눈앞에 있는 사람은 사람이지만, 옛날에 살았던 사람부터 지금 지구에 살고 있는 모든 사람, 그리고 앞으로 태어날 사람까지 모두 합쳐서 인류라고 해요.

아마도 인류는 우연히 불을 발견하고, 그 쓰임새를 알게 되면서 스스로 불을 지피는 방법을 찾아냈겠죠. 산불이나 번개로 인해 발생한 잔불을 발견한 것이 인류가 이용한 **최초의 불**이 아닐까라고 짐작합니다.

불은 인류를 더 강하게 만들었어요

원시 시대에는 인류가 주로 동굴에서 생활했어요. 남아프리카공화국의 한 동굴에는 큰 고양잇과 맹수가 사람을 사냥한 흔적과 함께, 불을 사용해 맹수를 쫓아낸 흔적이 함께 발견되었어요. 동굴에 불을 피우면서 그 안을 소독하게 되어 살기 좋은 곳이 되었다는 해석도 있어요. 인류는 불 덕분에 다른 동물과 벌

인 경쟁에서 유리했다는 뜻이죠.

불은 인류가 널리 퍼져 사는 데도 큰 도움이 되었어요. 추운 지역으로 가서 살게 된 것도 불 덕분이지요. 밤에도 불을 밝히고 일을 할 수 있었던 점은 **인류 발전**에 큰 도움이 되었어요.

불은 인류의 뇌를 키웠어요

인류 역사에서 불을 사용한 것은 대략 180만 년 전 나타난 **호모 에렉투스**(Homo erectus)부터로 보고 있어요. 이 종은 전보다 훨씬 더 똑바로 걸었고, 유아기가 더 길었던 것으로 보여요.

가장 중요한 점은 뇌 용량이 앞서 나타났던 인류의 다른 종보다 컸다는 사실인데, 바로 이 점이 불과 깊은 관련이 있다고 해요. 음식을 익혀 먹게 되면서 기생충이나 세균에서 비롯된 다양한 질병에서 벗어났지요. 더욱이 익힌 음식은 소화가 잘되는 데다 에너지 효율이 높고 더 큰 에너지를 축적해요.

불은 문명과 국가의 기초가 되었어요

청동기의 등장은 인류 문명의 본격적인 출발점입니다. 청동기로 농기구를 만들어 땅을 깊이 파서 씨앗을 뿌리고, 다 자란 식물을 거뒀어요. 무기를 만들어 짐승을 잡기도 했어요.

청동기를 만들려면 금속을 녹여야 해요. 오랜 역사에 걸쳐 인류는 불을 자유자재로 부리게 되었고, 마침내 금속을 녹여 다양한 도구를 만들어 내게 되었어요.

청동기로 농기구를 만들면서 농업은 놀랍게 발전했어요.

이런 도구는 식량 생산을 늘려 인구가 폭발적으로 증가하는 데 크게 이바지했습니다. 불의 발견이 국가를 형성하는 결정적인 원인이었다고 보는 까닭이지요.

불의 발견은
신이 준 선물처럼
여겨질 만큼 엄청난 사건이었어요.

이게 뭐지…?
따뜻하고, 무섭지도 않아!

익힌 음식을 먹으면서 병에서 벗어나고,
뇌의 발달이 촉진되었답니다.

불을 자유자재로 다루게 되면서
청동기 문명이 시작되었어요.

불은 인류가 진화하고 문명을 이루는 데 결정적 역할을 했어요.

불을 처음 사용한 순간은
언제였을까?

인류는 언제부터 불을 사용했을까요? 문자로 기록된 것이 없어서 아쉽게도 정확히는 알 수 없습니다.

지금까지 발견된 불을 사용한 흔적 중 가장 오래된 것으로 보이는 유적은 150만 년 전 남아프리카 스왈시크란스 동굴과 140만 년 전 동아프리카 케냐의 체소완자 유적입니다.

특히 체소완자에서는 짐승의 뼈가 올도완 석기와 불에 탄 진흙과 함께 나왔어요. 올도완 석기는 딱딱한 망치로 때려 만든 돌도끼를 가리킨답니다.

이 유적에는 불에 탄 진흙 조각이 50여 개 발견되었는데, 학자들은 이것을 화로라고 보고 있습니다.

이 유적 덕분에 인류가 불을 이용해 음식을 익혀 먹고, 추위를 막고, 짐승을 쫓아냈다는 사실을 짐작할 수 있게 되었습니다.

● 기술 발전은 인간을 더 나은 존재로 만드는가?

● 에너지를 아끼는 것이 발전을 늦추는 일일까?

● 기술이 인간의 삶을 더 평등하게 만들 수 있을까?

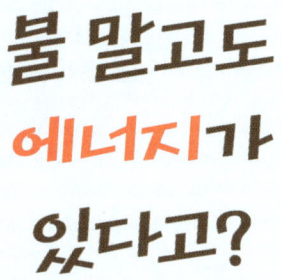

불 말고도
에너지가
있다고?

에너지는 사람이 활동하는 힘 또는 물체가 가지고 있는 일하는 능력을 통틀어 말해요. 높은 곳에 있는 물체가 떨어지면서 다른 물체에 힘을 가하면 무언가 일을 하게 되지요. 예를 들면 높은 곳의 물을 떨어뜨려 물레방아를 돌리게 되면 에너지가 발생해요. 에너지는 운동에너지, 위치에너지, 전기에너지, 열에너지, 빛에너지, 소리에너지, 화학에너지 등으로 다양해요.

    한 에너지의 형태는 다른 에너지의 형태로 바뀔 수 있어요. 그런데 에너지를 만들려면 많은 자원이 필요해요. 자동차를 움직이게 하고, 형광등에 불이 켜지게 하고, 가스레인지에 불을 붙이려면 그 에너지를 만들어 내는 자원이 있어야 한다는 것을

뜻해요.

    우리 삶에 필요한 에너지는 열에너지와 운동에너지인데, 이런 에너지를 일으키는 자원을 **에너지원**이라고 불러요.

사람은 오랫동안 주요한 에너지원이었어요

    에너지원으로는 먼저 **사람**을 들 수 있어요. 19세기까지 전 세계가 사용한 기계적 에너지의 75%가 사람에게서 나왔다고 할 정도이니, 오랜 기간 사람의 노동이 중요한 동력원임을 알 수 있지요.

    사냥과 채집을 할 때는 인간의 노동으로 먹을거리를 장만했어요. 그때는 자연에서 얻을 수 있는 열매나 사냥감을 찾아다니

며 생활했죠.

그러나 인구가 늘어나고 안정적인 식량 확보가 필요해지면서 농사를 짓기 시작했습니다. 그런데 농사 때문에 인간의 노동은 더 힘들어졌어요.

밀을 예로 들어볼게요. 밀은 바위와 자갈이 있는 곳에서는 제대로 자라지 못해서, 사람이 밭을 고르게 해 주어야 해요. 잡초가 있으면 밀에 갈 물이나 영양분을 빼앗기게 되지요. 그래서 인류는 한낮에 땀을 흘리며 잡초를 뽑아야 했어요. 물을 대기 위해서 개울에서 물을 끌어와야 했고, 영양분을 늘리기 위해 거름을 마련해야 했

농사를 시작하며
인간의 노동은
더 힘들어졌어요.

어요.

고대 국가가 세워지면서 홍수를 막고 논에 물을 대기 위한 큰 공사가 이뤄졌어요. 이때도 역시 주요한 에너지원은 사람이었어요. 중국에서 대운하를 건설할 때 동원된 농민이 500만 명에 이르렀다니, 그 규모가 얼마나 큰지 짐작할 수 있겠지요. 특히 고대 국가는 전쟁으로 다른 나라를 점령하고 그곳 사람들을 노예로 삼았는데, 이런 큰 공사에 강제로 동원했지요.

고대 그리스의 아테네는 인구의 4분의 1이 노예였고, 로마 제국 역시 노예 노동에 크게 의존했어요. 근대에 들어 유럽 제국은 1,200만 명에 가까운 아프리카 사람들을 납치해 유럽과 아메리카 대륙에서 노예로 부렸어요. 미국의 남부는 아프리카계 노예를 이용해 목화 농업을 했던 것이 대표적인 사례지요.

동물과 자연의 힘도 에너지로 썼어요

다음으로는 **가축**을 들 수 있어요. 동물은 주로 짐을 끌기 위해 이용되었어요. 처음에는 주로 소를 이용해서 수레를 끌었어요. 소는 늙으면 고기로 팔 수 있는 장점이 있고 말보다 사료를 덜 먹는다는군요. 그러다가 말굽이 나오고 멍에(가축이 수레를 끌거나 밭을 갈 때 목과 어깨에 사용하는 도구)가 좋아지면서 말을 쓰기 시작했어요. 방아를 돌리기도 하고 교통수단으로도 쓰였지요. 사막에서는 낙타가 말의 역할을 했어요.

동물은 주로 짐을 끌기 위해 이용되었어요.

물과 바람의 힘도 빌렸어요. 유럽의 강에는 수차가 많았어요. 수차는 물의 힘으로 돌아가는 바퀴 모양의 기계를 말해요. 바퀴가 돌아가면 그 힘으로 곡식을 빻았어요. 11세기 초에는 바닷물의 힘을 이용한 수차도 등장했어요. 바람의 힘을 이용하는 것은 풍차를 떠올리면 되겠네요. 주로 곡물을 가는 데 쓰다가, 물을 퍼내는 데도 썼어요.

나무는 가장 오래되고 널리 쓰인 에너지원이에요

에너지원으로 인류가 가장 오랫동안 널리 사용한 것은 **나무**였어요. 산에 있는 나무를 베어다 썼지요. 나무를 베어낸 다음 그곳에 나무를 심으면 훗날 또 쓸 수 있는 장점이 있어요.

나무를 **숯**으로 만들어 쓰면서 효율성을 훨씬 높였어요. 숯은 나무를 숯가마에서 구워 만든 탄소 덩어리인데, 주로 목질이 단단한 나무를 썼지요. 숯은 나무를 태울 때보다 연료 효율도 높고 연기가 없다는 장점이 있어요. 숯은 온도를 1,200℃ 이상으로 올릴 수 있는지라 철을 녹이는 데도 썼어요.

나무를 땔감으로 쓰면서 숲의 크기가 문제가 되었어요. 먹을거리를 늘리려고 벼나 밀을 심으려면, 숲을 파헤쳐야 했지요. 그러면 숲이 줄어들어 나무가 부족하게 되지요.

나무는 땔감으로만 쓴 게 아니라 집을 짓는 데도 이용했고, 배를 만드는 데도 썼어요. 나무가 다양한 용도로 사용되면서 과도하게 베어졌다는 뜻이죠.

문제는 집이나 배를 만들 정도의 나무가 자라나는 데 100년이 넘게 걸린다는 점이었어요. 숲이 줄어들면 나무가 부족하고, 숲을 개발하지 못하면 먹을거리가 부족해지는 일이 벌어졌지요.

영국을 예로 들면 16세기 중반 이후 산림 면적이 국토의

나무를 땔감으로 쓰면서 점점 숲의 크기가 문제가 되었어요.

30%에서 15%로 줄어들게 되었어요. 나무를 구하기 힘들어지자, 식민지인 아메리카의 숲에서 나무를 베어다 썼어요.

이처럼 인구가 늘어나고 산업이 발전하면서 나무가 부족해지는 일이 벌어졌어요. 가난한 사람은 불을 때지 못하는 일도 일어났다는군요. **에너지 위기**가 시작되었습니다. 인류는 어떤 해결책을 찾아냈을까요?

인구가 늘어나고 산업이 발전하면서 나무가 부족해지는 일이 벌어졌어요.

숲은 인류의 오랜 친구!

인류가 사냥과 채집을 하던 시기에는 숲의 생태계에 영향을 끼치지 않았어요. 인류가 보기에 숲은 언제나 퍼 주는 마르지 않는 샘물 같았을 거예요. 하지만 나무를 에너지원으로 쓰면서 깨달았지요. 나무가 자랄 시간을 주지 않으면 숲도 망가지고 만다는 사실을요.

숲은 나무를 베어 내면 몇십 년의 세월이 지나야 본래 상태를 회복합니다. 그러니 나무를 베어 내면 나무를 다시 심고, 다 자랄 때까지 기다려야 합니다.

신석기 시대부터 인류는 나무를 무조건 베는 것이 아니라, 어린 나무가 큰 나무가 될 때까지 기다려 주었다는 군요. 이 지혜는 계속 이어져 대체로 중세 시대까지는 균

형을 잘 이뤘답니다. 하지만 근대에 들어 함부로 나무를 베어 내면서 큰 위기가 닥쳤지요.

나무가 우거진 숲은 인류에게 엄청난 혜택을 안겨 준답니다. 가장 먼저 떠올릴 수 있는 게 '탄소 저장고'라는 점이지요. 나무는 산소를 내뿜고 이산화탄소를 빨아들입니다. 오랫동안 지구 온도가 적절하게 유지된 데는 나무의 역할이 컸습니다.

기후 위기는 인간의 활동으로 탄소를 많이 배출해서 나타났죠. 숲이 울창할수록 기후 위기를 이겨 내는 데 큰 도움이 된답니다. 그리고 숲은 숱한 생명체가 깃든 곳이잖아요. 흔히 말하는 생물 다양성이 풍부한 곳이지요. 숲에 깃든 생명은 오염 물질을 흡수하거나 분해해서 공기와 물을 깨끗하게 하고, 땅을 기름지게 만듭니다.

숲을 무분별하게 개발하고 파괴하는 대신, 숲을 지키는 지혜가 필요합니다.

● 현 시대에도 사람의 노동을 에너지로 볼 수 있을까?

....

....

....

● 에너지 문제에서 개인의 책임은 어디까지일까?

....

....

....

● 에너지 사용은 자유일까, 책임일까?

....

....

....

제2장

산업을 바꾼 에너지의 등장

석탄이
공장을
움직인다고?

석탄! 인류는 나무를 대신할 새로운 에너지원으로 **석탄**을 찾아냈습니다.

요즘은 잘 볼 수 없지만 예전에는 석탄으로 만든 연탄을 집집이 썼어요. 연탄은 석탄 가루를 버무려 만든 원통형의 고체연료입니다. 우리나라도 1980년대까지는 많은 집이 난방이나 요리에 연탄을 사용했어요.

그렇다면 이렇게 오랫동안 쓰인 석탄은 어떻게 만들어졌을까요? 석탄은 고생대인 약 3억 5,900만 년 전부터 시작해 2억 9,900만 년 전에 만들어졌어요. 이 시기를 석탄기(Carboniferous Period)라고 부르는데, carbo는 라틴어로 석탄

을 뜻해요.

　이때는 지구에 식물이 아주 잘 자랐어요. 당시에는 고사리처럼 생겼지만 30~40미터나 자라는 거대한 식물이 숲을 이뤘어요. 쇠뜨기과 식물은 20미터까지 자랐다고 해요.

석탄은 어떻게 만들어졌을까요?

　이런 거대한 식물이 죽고 나면 물속에 가라앉게 되지요. 그식물 더미가 오랜 시간 온도와 압력을 받으면, 탄소의 함량과에너지양은 높아지고 수분의 함량과 휘발성 물질은 줄어들면서, 토탄, 갈탄, 역청탄, 그리고 **무연탄**이 됩니다. 뒤로 갈수록수분은 적고 에너지 함량은 높아요.

그래서 석탄 가운데 가장 성능이 좋은 건 무연탄입니다. 무연탄은 수분이나 그밖에 다른 성분이 거의 없고, 남은 찌꺼기 없이 대부분 타 버린답니다. 무연탄처럼 자연 상태로 높은 탄소 함유량을 가진 것은 흑연과 다이아몬드뿐이랍니다.

석탄은 인류에게 아주 오래전부터 알려져 있었어요. 기원전 315년의 그리스 책에도 석탄을 대장간의 연료로 사용했다는 기록이 남아 있습니다. 현재 석탄은 남극을 제외한 모든 대륙에서 캐내고 있어요.

석탄이 산업혁명의 불을 지폈어요

세월이 흐르면서 농사를 위해 숲을 많이 베어 냈고, 나무와

숯을 구하기 힘들어졌어요. 값도 비싸졌죠. 그래서 석탄을 써야 했어요.

석탄을 많이 쓰다 보니 얕은 곳에 묻힌 석탄은 곧 없어졌고, 더 깊은 곳에 묻힌 석탄을 캐내야 했어요. 땅을 깊이 파고 들어가다 보니 새로운 문제가 생겼어요. 땅속에서 지하수를 만나게 됐죠.

물이 가득 차면 석탄을 캘 수가 없으니, 이 물을 퍼내야 했어요. 그래서 물을 퍼내는 여러 펌프가 만들어졌는데, 그 가운데 가장 성능이 좋았던 게 토머스 뉴커먼이 발명한 **증기기관**이었어요.

뉴커먼이 만든 증기기관은 석탄을

> 석탄은
> 산업혁명이라는
> 엄청난 변화를
> 불러왔어요.

태워 실린더를 덥혀서 증기가 피스톤을 밀어내게 했어요. 그리고 다시 실린더를 차갑게 해서 피스톤이 제자리로 돌아가게 하는 방식이었어요. 이 방식은 물을 퍼내는 데는 좋았지만, 석탄을 많이 쓰는 것이 단점이었어요.

이 단점을 고친 사람이 제임스 와트입니다. 그는 분리식 응축기를 만들어서, 석탄을 적게 쓰면서도 강력한 힘을 내는 증기기관을 만들어 냈어요. 이 덕에 석탄을 더 많이 캐내게 되었지요.

와트의 증기기관은 방직 공장에서도 썼어요. 그 결과 사람이 일하는 것보다 200배가량 빠르게 **생산성**이 높아졌다고 해요.

와트는 이 기술을 교통수단에도 사용했어요. 피스톤의 왕복운동을 회전운동으로 바꾸는 데 성공했죠. 그래서 **증기기관차**가 발명되었어요.

석탄을 쓰면서 더 많은 철을 생산하게 되었지요. 철은 기차를 만들고, 공장을 세우는 데 꼭 필요한 재료였죠.

이렇게 석탄, 증기기관, 철이 함께 모여 **산업혁명**을 일으키는 바탕을 만들었어요. 산업혁명은 가내 수공업에 의존하던 경제 활동이 공업화를 통해 대량생산의 시대로 옮겨간 것을 말해요

석탄은 밤도 바꾸었어요

흥미로운 이야기가 하나 있어요. 석탄을 태우면서 나온 가스를 **조명**에 쓰는 기술이 나왔어요. 석탄가스로 불을 밝힐 수 있게 되면서, 사람들은 밤늦게까지 일할 수 있게 되었죠. 거리에는 가로등이 설치되어 어두운 거리를 밝히게 되었지요. 나중

에는 가정용 조명으로 보급되었어요. 밤에도 무엇이든 볼 수 있게 되자, 책, 잡지, 신문, 악보의 수요가 많이 늘어났다고 해요.

나무를 땔감으로 쓰던 시대가, 석탄을 에너지원으로 쓰는 시대로 바뀌면서 인류는 엄청난 발전을 이루게 되었어요.

석탄은 되돌릴 수 없는 에너지입니다

얻는 게 있으면 잃는 것도 있는 법이죠. 인류는 석탄을 쓰면서 처음으로 재생되지 않는 에너지를 쓰게 되었어요.

그전까지는 사람의 힘, 동물의 힘, 물의 힘, 바람의 힘, 그리고 나무 같은 것을 에너지원으로 썼어요. 이런 에너지원은 시간이 흐르면 다시 생겨나요. 베어낸 나무는 다시 심으면 숲은 울

창해지고, 다시 베어낼 수 있지요. 물이나 바람은 늘 자연에 있었고요.

하지만 석탄은 달랐어요. 석탄은 한 번 캐내서 태워 버리면 쓴 만큼 다시 생기지 않아요. 물론 재생되는 에너지도 한계가 있어요. 가뭄이 들거나 바람이 불지 않으면 에너지원으로 쓸 수 없으니까요.

산업혁명 이전에는 사람들이 에너지가 부족하면 거기에 맞는 삶을 살았어요. 지구가 에너지를 허락하는 범위에 맞는 활동을 했다는 뜻이지요.

하지만 석탄을 쓰면서 인류는 에너지를 마구 쓰기 시작했어요. 마치 마르

> 과거에는
> 사람, 동물, 물, 바람, 나무
> 같은 것을
> 에너지원으로 썼어요.

지 않는 샘물에서 물을 퍼내듯 에너지를 썼지요. 이 차이는 어떤 결과를 몰고 왔을까요?

인류는 나무를 대신할 에너지원으로 석탄을 찾아냈어요.

예전에는 석탄으로 만든 연탄을 집집마다 썼어요.

석탄은 고생대에 형성됐어요. 30~40미터까지 자라는 식물들이 물속에서 오랜 시간 압력을 받아 석탄이 되었죠.

석탄은 산업혁명을 이끌었어요. 석탄 덕분에 증기기관이 발명되었죠.

그런데 석탄은 한 번 사용하면 다시 생기지 않아요.

석탄은 인류에게 큰 변화를 가져왔지만, 지속 가능한 사용을 고민해야 합니다.

이제는 석탄과
헤어질 결심!

석탄 덕분에 인류는 엄청난 경제 발전을 이룰 수 있었어요. 그러나 석탄이 인류의 미래에 먹구름을 드리운 것도 사실이죠.

석탄은 사실상 탄소 덩어리입니다. 연료용 석탄은 60% 이상이 탄소이고, 산업용 석탄은 탄소가 70%가 넘는다고 해요.

탄소는 불에 탈 때 산소와 결합해 이산화탄소를 만들어 내요. 그래서 석탄을 태우면 많은 이산화탄소가 나옵니다.

온실가스 배출량을 비교해 보면 더 확실히 알 수 있어요. 액화천연가스(LNG)를 1이라고 했을 때 무연탄은

2.52, 유연탄은 2.27, 석유(중유)는 1.94 정도입니다. 또한 석탄은 전 세계에서 화석 연료로 배출되는 이산화탄소 배출량의 44%를 차지하고 있다고 합니다.

미세먼지 배출도 심각한 상황입니다. 화석 연료를 태울 때 발생하는 미세먼지에 노출되면, 다른 미세먼지에 노출될 때보다 사망 위험이 2.1배 높아진다는 충격적인 연구 결과도 있습니다.

그런데 우리나라 미세먼지 원인 물질 가운데, 석탄 발전소에서 내뿜는 매연이 14%로 가장 많다고 해요. 이밖에도 석탄은 캘 때부터, 태울 때, 남은 찌꺼기를 처리하는 과정에 엄청난 양의 물을 오염시키는 걸로 알려져 있어요.

산업혁명의 주역이었던 석탄이 이제 환경 오염과 기후 위기의 주범이 되어 버렸습니다. 이제 인류는 석탄과 '헤어질 결심'을 할 때가 된 것 같아요.

● 밤에도 일할 수 있게 된 것은 좋은 변화일까?

....

....

....

● 우리는 석탄 시대에서 정말 벗어났을까?

....

....

....

● 에너지가 많아지면 행복도 함께 늘어날까?

....

....

....

고래기름
대신 등장한
석유!

석유는 한자로 돌 석(石)자에 기름 유(油)자를 써요. 돌기름이라는 뜻인데, 바위 틈새에서 기름이 스며 나오는 것을 발견했기 때문에 붙은 이름이지요.

석유는 어디에 있나요?

석유는 아주 오래전 바닷속에서 살던 플랑크톤을 비롯한 작은 생물의 사체 같은 유기물이 지각 변동으로 땅속 깊이 묻히고, 오랜 세월 열과 압력을 받아 분해되면서 만들어졌어요.

석유는 주로 백악기와 쥐라기 시대에 형성된 지층에서 발견

되는데, 조건이 까다롭답니다. 유기물을 가득 담은 넓은 퇴적 분지가 있어서 퇴적암이 널리 퍼져 있어야 하고, 지각 변동으로 습곡 작용을 받아 위쪽으로 볼록하게 구부러진 구조가 있어야 하지요.

이러다 보니 석탄과 달리 석유는 생산지가 많지 않아요. 석유가 많이 묻힌 나라는 미국, 베네수엘라, 사우디아라비아, 호주, 캐나다, 이란, 이라크, 쿠웨이트, 아랍에미리트입니다. 그러니까 세계 석유 매장량 10위권의 국가 중 무려 5개의 국가가 **중동 지역**에 집중되어 있어요.

반면에 미국, 중국, 일본, 러시아, 독

석탄과 달리 석유는 생산지가 많지 않아요. 중동 지역에 집중되어 있어요.

일이 세계 석유의 약 46%를 쓰는데, 이 국가에 매장된 석유는 세계 전체 석유 매장량의 10%에 불과하다고 해요. 그러니 석유를 확보하려는 경쟁이 치열할 수밖에 없어요.

석유는 삶을 바꾸고 물건을 만들었어요

막 뽑아 올린 석유를 원유라고 하는데, 끓는점이 다른 여러 물질이 섞여 있어요. 이 원유를 350℃ 이상으로 가열해 기체로 바꾼 다음, 서서히 온도를 낮추는데 석유 가스, 가솔린, 등유, 경유, 중유, 피치 등의 순서로 나와요.

원유에서 석유 가스, 가솔린, 등유, 경유, 중유, 피치가 나와요.

석유 가스는 가정 난방이나 취사용 연료, 가솔린은 자동차의 연료, 등유는 비행기와 가정용 연료, 경유는 디젤 엔진 자동차의 연료, 중유는 배의 연료와 산업용, 찌꺼기는 아스팔트의 원료로 써요.

여기서 그치지 않고 석유는 다양한 제품을 만드는 **원료**로 쓰여요. 우리가 입는 옷, 장난감, 주방용품을 만드는 합성 고무도 석유로 만들고, 비료, 농약, 살충제, 각종 화학약품이 석유에서 나온 물질의 화학 반응으로 만들어지지요. 석유가 없다면 오늘 우리가 누리는 삶이 불가능하다고 할 수 있겠죠.

석유는 우리 생활에 절대적으로 필요한 원료가 됐어요.

처음부터 석유가 이렇게 다양하게 쓰인 것은 아니에요. 기술이 발전하고, 다양한 발명이 이어지면서 석유가 우리 생활에 절대적으로 필요한 원료가 된 것이지요.

고래기름 대신 석유를 쓰게 된 이유

옛날에는 석탄에서 가스를 뽑아내 **가스등**을 썼어요. 파이프라인으로 연결해서 가정집에 보내기 때문에 도시만 이용할 수 있었지요. 그런데 가스가 타면서 냄새와 소리가 나서 신경 쓰이기도 했어요. 가스가 폭발할까 봐 염려하는

옛날에는 고래기름으로 불을 밝혔어요.

마음도 있었고요. 그래서 많이 쓴 것이 고래기름이었어요.

고래기름으로 불을 밝히면 불빛이 굉장히 밝고 연기나 냄새도 나지 않았다는군요. 그래서 고래를 마구잡이로 잡았어요. 그런데 고래를 엄청나게 잡다 보니 고래가 점점 줄어들었어요. 그러니 고래기름값도 크게 올랐어요.

석탄가스는 한계가 있으니 새로운 연료인 석유를 찾아 나섰어요. 하지만 그 당시에는 깊은 곳에 묻힌 석유를 파내는 방법이 없었어요.

조명용 램프에도 석유를 사용하면서 고래를 잡지 않아도 되었어요.

그러다 1859년 미국의 에드윈 L. 드레이크가 조명용 램프 연료를 구하기 위해 땅을 파고 바위를 뚫어 석유를 발견하는 데 성공했어요.

이때 조명용 램프에 쓰인 석유는 파라핀으로도 잘 알려진 등유였어요. 이 등유로 불을 밝히면서 고래를 잡지 않아도 되었지요. 멸종 직전까지 몰린 고래를 살린 게 석유랍니다.

석유는 산업과 전쟁을 바꾸었어요

처음에는 등불 연료로만 쓰던 석유가 다른 분야에도 널리 쓰이게 된 것은 **자동차** 발명 덕이었어요. 1885년에 독일의 고트리프 다임러가 휘발유로 작동하는 내연기관을 발명했고, 몇 년 뒤에는 루돌프 디젤이 중질유를 쓰는 디젤 엔진을 발명했어요. 20세기 초반에는 석유의 절반 가까이가 연료용으로 쓰였지요.

영국의 해군이 **전함**의 연료를 석탄에서 석유로 바꾼 것도 상당히 의미 있는 결정이었어요. 석유가 군사적으로 아주 중요한 연료가 되었다는 뜻이거든요.

석탄이 산업혁명을 일으키는 결정적인 힘이 되었다면, 이제 석유가 세계 경제 발전을 이끄는 원동력이 되었어요.

석유는 플랑크톤처럼
바다에 살던 작은 생물의 사체가 쌓여 있다가
열과 압력을 받아 만들어졌어요.

석유는 미국, 베네수엘라, 사우디아라비아,
호주, 캐나다, 이란, 이라크, 쿠웨이트,
아랍에미리트 등에 많아요.

원유는 350℃ 이상으로 끓였다 식히면서
가스, 휘발유, 등유 등으로 만들어요.
이 원료로 자동차, 비행기, 가정용품 등
많은 제품을 만들기도 해요.

옛날에는 고래기름으로 불을 밝혔어요.
그러다 등유를 쓰기 시작하면서 더 이상
고래를 잡지 않아도 되었어요.

이제 석탄 대신 석유가 세계 경제를
발전시키는 결정적 역할을 했어요.

석유는 사라질까?

우리가 흔히 듣는 "석유가 앞으로 50년 남았다"는 말은 실제 땅속에 있는 석유가 정확히 50년 뒤에 바닥난다는 뜻이 아니에요. 이 숫자는 그때그때 다시 계산되는 값이에요. 현재의 기술과 비용으로 확실하게 캐낼 수 있는 석유, 즉 '확인 매장량'을 매번 따로 정리해서 사용해요. 이 확인 매장량을 지금의 석유 소비량으로 나누면, 앞으로 몇 년 동안 석유를 쓸 수 있을지를 계산할 수 있어요. 그것이 바로 가채 연수, 즉 석유를 더 사용할 수 있는 연수(年數)를 말해요. 고갈 연수라고 부르기도 해요.

이 수치는 수십 년째 50년 언저리에서 거의 변하지 않고 있어요. 왜 그럴까요?

석유는 매년 조금씩 줄어들지만, 동시에 다시 늘어나기도 해요. 석유 탐사 회사들은 매년 새로운 유전을 발견하거나, 이전에 확인되지 않았던 석유를 '쓸 수 있는 석유'로 바꾸는 작업을 반복해요. 석유를 캐내는 기술도 빠르게 발전하고 있어요.

석유 소비는 줄어들고 있을까요? 선진국에서는 석유 사용량이 비교적 안정되어 있지만, 중국이나 인도처럼 빠르게 성장하는 나라들은 석유 소비가 오히려 계속 늘고 있어요.

앞으로는 남아 있는 석유를 잘 관리하면서도, 태양광·풍력 같은 새로운 에너지로 전환해 가는 지혜가 필요해요. 석유 없이도 살아갈 수 있는 사회를 준비하는 것, 그것이 기후 위기에서 벗어나는 길이랍니다.

● 에너지원이 바뀌면 평화가 찾아올까?

....
....
....

● 석유는 모두의 자원일까, 먼저 찾은 사람의 것일까?

....
....
....

● 더 발전할수록 더 많은 에너지를 써야 할까?

....
....
....

석유가
전쟁을
일으킨다고?

사우디아라비아, 이라크, 이란 등의 지역을 보면 떠오르는 게 무엇인가요? 아무래도 석유와 전쟁입니다. 왜 이렇게 되었을까요.

전쟁에서 석유가 주목받은 이유

1900년대 초반, 유럽을 중심으로 세계 여러 나라가 힘을 키우려고 서로 경쟁하고 있었어요. 그러다가 결국 큰 전쟁이 터졌습니다. 이것이 바로 **1차 세계대전**입니다.

1차 세계대전은 두 편으로 나뉘어 싸웠어요. 영국과 프랑스

가 한편이었고, 독일과 오스트리아가 다른 편이었어요. 결국 영국과 프랑스가 이겼고, 독일과 연합한 나라는 패전국이 되어 버렸죠.

1차 세계대전 때 **오스만제국**은 독일 편을 들었어요. 오스만제국은 14세기부터 20세기 초까지 동유럽, 서아시아, 북아프리카를 통치했던 거대한 제국입니다.

전쟁이 끝난 뒤, 오스만제국의 땅은 영국과 프랑스 같은 승전국이 나누어 가졌습니다. 그 과정에서 지금의 사우디아라비아, 이라크, 시리아, 레바논 같은 새로운 나라가 생기게 되었어요.

1차 세계대전 때 영국은 강력한 해군

1차 세계대전이 끝난 뒤 오스만제국의 땅은 승전국이 나누어 가졌어요.

력을 자랑했는데, 전함의 연료를 석유로 바꾸면서 더 큰 힘을 발휘했어요. 그래서 석유 자원을 확보하는 게 경제력뿐만 아니라 군사력에서도 매우 중요하다는 점을 깨달았어요.

더욱이 전쟁이 지속되면서 탱크와 비행기 역할이 엄청나게 커졌어요. 모두 석유를 연료로 썼어요. 그래서 석유가 전쟁에서 아주 중요한 자원이 되었지요.

마침, 1908년 영국의 앵글로-페르시안 오일 컴퍼니(영국 국영기업)가 현재의 이란 지역에서 석유를 발견하면서 이 지역의 중요성을 깨닫게 되었어요. 1916년, 영국과 프랑스는 중동 지역의 영향권을 나누기로 했어요. 오스만제국을 해체한 뒤, 영국은 팔레스타인과 이라크를, 프랑스는 시리아와 레바논을 지배했어요.

미국도 중동에 관심을 가졌어요

 그 무렵 미국은 석유를 많이 생산하는 나라였어요. 1차 대전 때 연합국이 쓴 석유는 미국이 공급했어요. 그런데 자동차가 폭발적으로 늘어나면서 석유가 부족해지자 미국도 중동에 관심을 기울이게 되었어요. **미국**은 사우디아라비아에 진출했는데 1938년에는 엄청나게 많은 석유를 발견했어요.

 중동의 독립 국가는 기술과 자본이 다 부족했어요. 영국이나 미국 석유회사의 힘을 빌려 원유를 생산해야 했지요. 이들 석유 회사는 각 나라에 수익의 일부를 주기로 했으나, 실제로는 약속보다 적게 줘서 비판을 받았어요.

 이들의 횡포가 심해지면서 중동의 나라는 석유 생산에 따른

미국이 사우디아라비아에 진출해서 엄청나게 많은 석유를 발견했어요.

이윤의 **정당한 분배**를 요구했어요. 정치적으로 안정되고 시민의
식이 성숙해지면서 국가의 권리를 되찾으려고 한 것이지요.

오일 쇼크가 세계를 흔들었어요

아랍 국가와 이스라엘은 사이가 원래 좋지 않았어요. 그래
서 이들 사이에는 여러 차례 **전쟁**이 발생했어요. 특히 1973년에
아랍국가와 이스라엘 사이의 전쟁이 끝난 뒤 심각한 일이 벌어
졌어요.

아랍 국가는 이 전쟁을 통해 미국을 비롯한 서유럽의 나라
가 이스라엘을 일방적으로 지지한다고 판단했어요. 그래서 이
들 나라에 석유를 수출하지 않는 방법으로 **보복**하기로 했지요.
석유 가격이 엄청나게 올랐겠지요? 이 사건을 **오일 쇼크**라고 하
는데. 이 영향으로 전 세계 경제가 크게 흔들렸어요.

이란 혁명도 석유와 관련이 있어요

석유하고 민주주의는 얼핏 보면 전혀 관련 없어 보일 수 있
어요. 하지만 그렇지 않답니다. 이란에서 혁명이 일어난 과정을
살펴보면 그 이유를 알 수 있어요.

미국이나 영국의 석유회사에 이익을 많이 뺏기다가 점차 석유를 가지고 있는 나라의 이익이 더 커졌잖아요. 그러면 당연히 국민은 삶의 질이 높아지기를 기대했겠지만, 일부 권력층만 그 혜택을 누렸습니다. 결국 쌓였던 국민의 불만이 터져 나와 1979년 2월에는 **이란 혁명**이 일어났어요.

이란 혁명 기간에는 정유공장의 노동자들이 파업을 일으켜서 이란의 모든 석유 관련 시설이 가동을 멈췄어요. 더구나 사우디아라비아가 석유 생산량을 줄이면서 가격은 더 올랐어요. 엎친 데 덮친 격으로 이란과 이라크가 전쟁을 벌였어요. **2차 오일 쇼크**가 일어났어요.

이란 혁명의 과정을 보면 석유와 민주주의의 관련성을 알 수 있어요.

두 번의 오일 쇼크는 세계 경제에 어마어마한 영향을 끼쳤어요. 한창 잘나가던 나라들이 성장세가 뚝 떨어졌죠. 석유가 나지 않는 우리나라도 큰 타격을 입었어요.

걸프전이 벌어진 가장 큰 이유도 석유 때문이었어요

석유 때문에 벌어진 전쟁은 또 있어요. 1990년 8월에 이라크가 쿠웨이트를 침공해 땅을 차지해 버렸어요. 쿠웨이트가 이라크와 국경을 맞댄 지역에서 석유를 생산했는데, **이라크**는 쿠웨이트가 자신의 유전을 침범했다고 주장했어요. 또 쿠웨이트가 원유를 너무 많이 생산해 석유 가격이 떨어졌다고 비난했어요. 결국 이라크는 군대를 보내 쿠웨이트를 점령했어요.

그러자 **미국**을 중심으로 여러 나라가 힘을 모아 **경제 제재**를 했어요. 경제 제재는 특정 국가, 단체, 또는 개인에게 경제적 불이익을 주는 것으로, 경제적 거래를 끊거나 제한하여 목표 국가의 경제 활동을 어렵게 만드는 압박 수단이에요. 그런데도 이라크가 쿠웨이트에서 물러서지 않자, UN의 승인 아래 미국이 여러 나라 군대와 힘을 모아 전쟁에 뛰어들었어요. 이 전쟁을 **걸프전**이라고 불러요. 결국 1991년 1월에 이라크는 무릎을 꿇고 말았지요.

이 전쟁에 미국이 뛰어든 이유는 뭘까요? 그것은 이라크, 쿠웨이트, 사우디아라비아는 모두 막대한 **석유 자원**을 보유하고 있기 때문이었어요. 전쟁이 이어져 이라크가 쿠웨이트와 사우디아라비아의 석유를 차지하는 것을 미리 막기 위해서였지요.

미국이
걸프전에
뛰어든 이유는
석유 때문이었어요.

석유를 둘러싼 갈등은 지금도 끝나지 않았어요

2003년에는 **2차 걸프전**이 벌어졌어요. 이번에는 미국이 이라크를 공격했어요. 미국은 이라크가 불법적인 대량살상무기를 가지고 있다고 주장했어요. 그러나 아무것도 발견되지 않았어요. 미국이 이라크를 공격한 진짜 이유는 석유를 차지하려고 하는 거라는 분석이 있어요.

석유를 둘러싼 다툼은 중동 지역에서만 벌어지는 것은 아니에요. 남미나 아프리카에서도 석유를 가지려고 나라끼리 싸우는 일이 많아요. 석유는 중요한 자원이지만 그것 때문에 전쟁이 끊이지 않는 것은 참으로 안타까운 일이지요.

1900년대 초에
1차 세계대전이
발생했어요.

전쟁에서 석유가
중요하다는 걸
알게 되었죠.

미국과 영국은
중동에 관심을 갖고
석유를 찾았어요.

이게
전쟁을 부른
시작이었어요.

오일쇼크로
세계 경제가
큰 충격을 받았어요.

석유는
민주주의와도
관계가 깊어요.

이란 혁명도, 걸프전도
결국 석유가
핵심이었어요.

석유 때문에 중동에서
전쟁이 자주 일어나는 것은
안타까운 일이에요.

석유는 우리 삶을 바꾸었지만, 평화를 위해 노력해야 해요.

더 알아보기

OPEC은
무슨 일을 하나?

OPEC은 석유 수출국 모임(Organization of the Petroleum Exporting Countries)입니다. 1960년에 이란, 이라크, 쿠웨이트, 사우디아라비아, 베네수엘라 다섯 나라가 처음으로 만들었고, 지금은 아프리카와 중동의 여러 나라를 합쳐 13개 나라가 회원이에요.

OPEC이 만들어진 이유는 간단해요. 옛날에는 석유를 생산하는 나라가 따로 있었고, 석유를 팔아 돈을 버는 곳은 대부분 미국이나 유럽의 대형 석유회사였어요.

그러다 보니 정작 석유가 나온 나라는 제대로 돈을 벌지 못했어요. 그래서 각 나라는 석유가 자기 나라에서 나왔으니, 자신이 석유 가격을 정하자고 생각했어요. OPEC

이 만들어진 뒤부터는 회원국끼리 협의해서 석유를 얼마나 생산할지 정하면서 가격을 조절해 왔어요.

요즘은 미국, 러시아 같은 OPEC 회원이 아닌 나라도 석유를 많이 생산하고 있어서, OPEC 혼자서 가격을 조절하기는 어려워졌어요. 그래서 최근에는 'OPEC+'라고 해서, 비회원국과 협력하며 석유 생산량을 조절하고 있어요.

OPEC은 단순히 석유를 파는 단체가 아니라, 산유국의 권리를 지키고 석유 시장을 안정시키기 위한 국제 협력의 한 형태라고 볼 수 있어요.

● 석유 사용을 줄이면 전쟁도 줄어들까?

....

....

....

● 석유를 많이 쓰는 나라가 더 책임을 져야 할까?

....

....

....

● 석유가 많은 나라는 모두 잘 사는 걸까?

....

....

....

원자력,
전쟁 무기에서
에너지로 변하다!

화력 발전은 석유나 석탄을 태워 열을 만들고, 그 열로 물을 끓여 발생한 증기로 터빈을 돌려 전기를 만들어요.

　원자력 발전도 기본 원리는 비슷합니다. 다만 **원자력 발전**은 석유나 석탄 대신 우라늄이라는 금속을 원료로 합니다. 우라늄 원자가 중성자라는 입자와 충돌하면 핵분열이 일어나면서 서로 다른 두 개의 원자로 쪼개집니다. 이때 발생하는 열에너지로 물을 끓여 증기를 만들고, 그 증기로 터빈을 돌려 전기를 만드는 것이지요.

　화력 발전의 보일러와 같은 역할을 하는 것이 **원자로**입니다. 원자로는 핵분열이 너무 빠르거나 위험하게 일어나지 않게 조절

하면서, 필요한 만큼의 에너지를 뽑아 쓰도록 만든 장치입니다.

참고로 1g의 우라늄이 전부 핵분열될 때 나오는 에너지는 석유 1,800L 또는 석탄 3t이 탈 때 내는 에너지와 맞먹는다고 합니다.

처음에 원자력은 무서운 무기로 쓰였어요

1938년 12월 독일의 화학자 오토 한은 놀라운 실험 결과를 얻었어요. 우라늄과 중성자가 부딪히자, 바륨과 크립톤이 생긴 거예요. 우라늄 원자가 두 개의 가벼운 원자로 분열하는 '핵분열' 현상을 확인한 거죠. 이 핵분열이 잇따라 일어나면 아인슈타인의 $E=mc^2$의 공식에 따라 엄청난 양의 에너지가 생겨요. 이

것이 **원자폭탄**의 원리입니다.

독일에서 핵분열을 발견했다는 사실은 미국에 있는 과학자들을 잔뜩 긴장시켰어요. 혹시 독일이 원자폭탄을 만든다면, 전쟁은 나치의 승리로 돌아갈 수도 있으니까요.

그래서 1939년 아인슈타인은 미국이 먼저 핵폭탄을 개발해야 한다는 편지를 루스벨트 대통령에게 보냈고, 1942년 미국은 **맨해튼 프로젝트**를 시행했어요. 이후 1945년 7월 16일 뉴멕시코주 앨라모고도에서 트리니티라는 최초의 핵폭탄 실험이 이뤄졌습니다. 이어 8월 6일 히로시마에, 8월 9일에는 나가사키에 원자폭탄이 떨어졌

히로시마와 나가사키에 원자폭탄이 떨어졌어요.

지요. 그 참상은 이루 말할 수 없었습니다.

2차 세계대전이 끝나자, 미국과 소련을 중심으로 핵무기 개발 경쟁이 벌어졌어요. 핵전쟁에 대한 두려움이 커질 수밖에 없었어요. 그러자 1953년 미국의 아이젠하워 대통령은 UN 총회에서 '평화를 위한 원자(Atoms for Peace)'를 선언하면서 원자력을 평화적으로 사용하자고 주장했습니다. 이 말은 원자력으로 전기를 생산하자는 뜻이었습니다.

원자력이 전기를 만들기 시작했어요

미국은 1951년 아이다호주에서 실험용 원자로 'EBR-I'을 이용하여 최초로 100kW의 전기를 생산했습니다. 이는 시험용 전

앞으로
원자력을 평화적으로
사용하자는
주장이 나왔어요.

구 4개를 밝힐 정도의 양이었답니다.

영국은 1956년 콜더홀 발전소가 세계 최초의 상업용 원전으로 운전을 시작했고, 미국은 1958년 쉬핑포트 원자력 발전소에서 상업 발전을 시작했습니다. 이후 세계 원자력 발전소의 기술은 미국이 주도해서 이끌어 갔지요.

원자력 발전에는 어떤 장점이 있을까요?

첫째, 화석연료보다 아주 적은 양의 원료로 많은 에너지를 얻을 수 있어요. 경제성이 높은 거지요.

둘째, 원자력 발전소는 안정적이며 중단 없이 장기간 운영할 수 있어요. 핵연료는 다른 발전소에서 쓰는 연료처럼 자주 보급할 필요가 없기 때문이에요.

셋째, 발전 과정에서 이산화탄소를 거의 배출하지 않아요.

원자력은 아주 적은 양의 원료로도 많은 에너지를 얻을 수 있어요.

온실가스 때문에 지구가 뜨거워지고 있는 점을 생각하면 큰 장점이지요.

원자력은 걱정되는 점도 많아요

하지만 원자력에는 걱정되는 점도 많습니다. 돌이킬 수 없는 사고가 일어난 적이 있었어요. 미국의 스리마일 아일랜드 원전 사고, 구소련의 체르노빌 원전 사고, 일본의 후쿠시마 원전 사고가 대표적인 사례입니다.

이런 사고는 원자력 발전은 절대로 안전하다는 믿음을 무너뜨렸어요. 언제든 사고가 날 수 있고, 사고가 나면 그 피해가 엄청나다는 사실을 모두가 알게 됐어요.

　또한 **사용후 핵연료 처리** 문제는 여전히 해결되지 않고 있어요. 이 폐기물은 방사선을 내뿜기 때문에 지하 500미터 이상의 안정된 곳에 오랫동안 보관해야 합니다.

　우리나라는 1973년 석유 파동을 겪으면서 에너지 안보를 위해 **원자력 발전소**를 짓기로 했어요. 1978년에 가동한 고리 원자력 발전소 1호기가 우리나라 최초의 원자력 발전소랍니다. 2024년 현재 우리나라는 6곳의 원자력 발전소에서 24기의 원자로를 가동하고 있어요. 발전량으로 보면 세계 6위이며, 우리나라 전체 전기 생산의 약 30%를 차지하고 있어요.

화력 발전은 석유나 석탄을
태워 만든 열로 전기를 만들어요.
원자력 발전도 비슷하지만,
우라늄을 이용해요

우라늄 원자핵이
중성자와 만나면
쪼개져서 많은 에너지를
만들어 내요.

이것이 핵분열이고,
이 현상이 잇따르면
엄청난 에너지가
발생해요.

미국은 맨해튼 프로젝트로
원폭 개발을 시작했고,
1945년 히로시마에 투하했어요

전쟁 후, 미국과 영국은
원자력을 평화롭게
활용하기 시작했어요.

하지만 사고도 있었어요.
체르노빌, 후쿠시마….
위험이 도사리고 있죠.

지속 가능한 미래를 위해 안전이 최우선입니다.

사용후 핵연료는
왜 문제가 될까?

원자력 발전소에서는 우라늄이라는 금속을 연료로 사용하여 전기를 생산해요. 그런데 연료를 다 쓰고 나면 끝나는 것이 아니라, 오히려 더 큰 문제가 시작돼요. 이때 남은 연료를 '사용후 핵연료'라고 불러요.

사용후 핵연료가 문제가 되는 가장 큰 이유는 방사능이 매우 강하고, 그 영향이 수십만 년 동안 지속된다는 점이에요. 사람이 가까이 가면 큰 피해를 볼 정도로 위험해요. 그래서 오랫동안 사람과 자연에서 완전히 격리해야 하지요. 단순히 땅에 묻거나 바다에 버릴 수 없어요.

사용후 핵연료는 보관할 장소를 고르는 것 자체가 매우 까다로워요. 지진이나 침수 같은 자연재해에도 절대 무너지지 않을 만큼 튼튼하고 안전한 곳이어야 하고, 보통 지하 500m 이상의 깊이에 영구 저장하는 방법이 연구되고 있어요. 하지만 이런 장소를 찾기도 어렵고, 해당 지역 주민의 반대도 많아서 실제로는 매우 힘든 일이에요.

게다가 사용후 핵연료를 안전하게 보관하고 관리하는 데 드는 비용도 엄청나요. 사용후 핵연료는 일정 기간 물속에서 냉각시키고, 방사능이 새어 나오지 않게 여러 겹의 보호장치로 막아야 해요. 이 관리를 수십 년, 심하면 수백 년 동안 계속해야 하므로 경제적 부담도 크지요.

그래서 많은 나라가 사용후 핵연료를 재처리하거나, 영구 처분하는 방법을 찾기 위해 다양한 연구를 계속하고 있어요. 그러나 아직 완벽하게 해결할 방법은 없는 상황이에요.

이런 이유로 원자력 발전을 깨끗한 에너지라고만 말하기는 어려워요.

● 우리 동네에 원자력 발전소가 생기면 어떨까?

....
....
....

● 원자력 발전소 사고가 나면 누가 책임져야 할까?

....
....
....

● 에너지 정책은 국민 투표로 결정하는 게 좋을까?

....
....
....

바위 속에 숨겨진 기름, 셰일 혁명의 비밀!

21세기에 들어서면서 석유 가격이 크게 올랐어요. 많은 나라가 어떻게 하면 석유와 천연가스를 안정적으로 구할 수 있을까를 걱정했어요. 이런 상황에서 세계 에너지 역사를 새로 써야 하는 큰 사건이 벌어졌어요. 바로 미국의 **셰일 혁명**입니다.

　셰일은 진흙이 오랫동안 쌓여 굳어진 돌이에요. 이 돌에는 석유와 가스가 들어 있는데, 돈도 많이 들고 기술도 어려워 오랫동안 꺼내지 못했지요. 그런데 결국 미국이 셰일층에서 석유와 가스를 추출하는 데 성공했어요.

　방법은 이렇습니다. 먼저 땅속 1~3킬로미터 깊이까지 파이프를 곧게 뚫고, 이어서 파이프를 옆으로 꺾어 셰일층을 따라

파이프를 설치해요. 그다음에는 파이프에 난 구멍으로 물과 모래, 화약 약품을 섞은 액체를 높은 압력으로 쏘아요. 그러면 돌이 깨지는데 그 틈으로 새어 나오는 **원유와 가스**를 퍼내요.

> 미국이 셰일층에서 석유와 가스를 추출하는 데 성공했어요.

미국이 셰일 혁명으로 세계 1위 산유국이 되었어요

셰일 혁명은 많은 나라에 반가운 소식이었어요. 중동과 러시아에 집중된 원유나 천연가스와 달리, 셰일은 세계 여러 나라에 골고루 퍼져 있기 때문이었죠. 특히 빠른 속도로 경제가 성장하는 중국에는 정말 좋은 소식이었어요.

셰일 혁명으로 미국의 위상도 달라졌어요. 미국은 산유국이었지만, 오랫동안 석유를 수입해 왔어요. 그런데 셰일 혁명을 거치면서 2018년에 미국은 세계에서 석유를 가장 많이 **생산**하는 나라가 되었어요.

그러자 미국 경제는 엄청난 활기를 얻었어요. 일자리가 늘어났고, 기업은 에너지 비용이 줄었고, 기름값 하락에 따라 물가도 떨어졌어요. 경제가 쑥쑥 성장하기 시작했어요.

셰일 혁명이 일어나자 미국 경제가 쑥쑥 성장했어요.

하지만 미국의 이런 변화를 가만히 보고만 있지 않은 나라도 있었어요. 사우디아라비아와 러시아가 원유생산량을 늘려 석유 가격을 일부러 떨어뜨렸어요. 셰일 오일은 공법이 까다로워서 생산하는 데 비용이 많이 들기 때문에 석유 가격이 비싸야 유리했죠. 그런데 석유 가격이 크게 떨어지자, 미국의 셰일 오일 업체가 큰 피해를 봤습니다.

에너지는 안보와도 관련이 깊어요

중국이 놀라운 속도로 발전하면서 미국과 어깨를 나란히 하게 되었어요. 미국은 세계 최대 산유국이 되었는데, 중국은 거꾸로 세계 최대 석유 수입국이 되었어요. 그러니 중국의 속이 바짝 탈 수밖에 없었지요. 그래서 중국은 **남중국해**에 관심을 기울였어요.

남중국해(South China Sea)는 중국의 남쪽에 있는 바다를

중국은 석유 때문에 남중국해가 중국의 영해라고 주장하기 시작했어요.

말해요. 중국·대만·베트남·필리핀·말레이시아·브루나이 등 6개 국가에 둘러싸여 있어요. 전 세계 해양 물류의 약 절반과 원유 수송량의 60% 이상이 이곳을 지나가요.

중국은 이 해역에 인공섬을 만들고, 산호초 두 곳에 50미터 높이의 등대를 세웠어요. 그러면서 남중국해가 중국의 영해라고 주장했어요. 이에 이웃 나라는 물론이고 미국까지 강하게 반대하고 나섰지요.

중국은 왜 이렇게까지 했을까요? 중동 지역에서 들여오는 석유나 천연가스를 안정적으로 운송하기 위해, 아예 이 바다를 자기 것으로 만들려는 거지요.

이처럼 에너지는 국가 경제뿐만 아니라 국가 안보에도 아주 중요해요. 안보는 나라와 국민의 안전을 지키는 것을 말해요. 전쟁이나 테러 같은 외부의 위협에서 나라를 보호하는 일뿐 아니라 경제, 에너지, 환경, 식량처럼 우리가 살아가는 데 꼭 필요한 것을 안전하게 지키는 것도 안보에 포함돼요.

전쟁과 에너지는 연결되어 있어요

중국과 러시아는 원래 사이가 좋지 않았어요. 1969년 우수리(Ussuri) 강 중류의 전바오섬과 신장웨이우얼 자치구에서 무력 충돌이 일어난 뒤, 두 나라는 앙숙이 되었어요.

그런데 시간이 지나며 중국과 러시아는 에너지를 통해서 사이가 가까워졌어요. 중국은 공산품과 소비재를 러시아에 보내고, 러시아는 석유와 천연가스를 중국에 팔면서 서로에게 도움이 되는 관계가 되었죠.

오늘날 러시아는 미국과 사우디아라비아와 함께 세계 3대 산유국이에요. 또 세계 2위의 천연가스 생산국이자 세계 최대의 천연가스 수출국이기도 해요. 그런데 러시아와 우크라이나가 전쟁하면서 세계는 에너지 위기를 맞이했어요.

구소련 시절에 독일로 가는 가스관은 지금의 우크라이나를 통과하도록 건설되었어요. 소련이 무너진 뒤 우크라이나가 독립하면서, 러시아와 가스 가격 문제로 충돌이 잦아졌습니다.

우크라니아는 이 가스관을 이용해 러시아에 가스를 싸게 사고, 가스관 사용료를 받았지요.

러시아가 우크라이나를 공격하자, **유럽연합**은 러시아에 다양한 불이익을 주었어요. 그러자 러시아는 곧바로 에너지를 무기로 유럽연합에 맞섰어요. 러시아는 가스 수입 대금을 자기 나라 화폐인 루블화로 내라고 요구했고, 루블화로 내지 않으면 가스 공급을 끊겠다고 했어요.

특히 러시아는 독일로 연결된 노르트스트림 가스관을 아예 잠가 버렸어요. 그러자 가스값이 5배나 뛰어올랐어요. 화학, 비료, 철강업도 큰 피해를 본 것으로 나타났어요.

에너지를 무기로 삼아 다른 나라의 경제를 흔들고, 그 틈을 타 정치적, 외교적 이익을 거두려는 욕심을 볼 수 있었어요. 에너지가 국가 안보에 얼마나 중요한지 알 수 있는 사례입니다.

미국에서 에너지 역사를
바꾼 사건이 벌어졌어요.
바로 셰일 혁명!

미국은 세계 1위 산유국이 됐고,
경제도 쑥쑥 성장했죠!

사우디아라비아와 러시아는
석유를 더 뽑아 가격을 낮췄어요.
미국 셰일 기업은 큰 피해를 입었죠.

중국은 석유를 안정적으로
수입하기 위해
남중국해를 자기 바다라고
주장했어요.

러시아가 전쟁 중
가스관을 잠그자
유럽 가스값이
5배 뛰었어요!

에너지는 국가 안보에 중요한 역할을 합니다.

왜 우리나라도
남중국해를 걱정할까?

　남중국해는 우리 생활과 아주 밀접한 관계가 있어요. 우리나라는 석유를 거의 전부 외국에서 수입하고 있어요. 그중 대부분은 중동 지역에서 배를 타고 옵니다. 이 배들이 지나가는 길이 바로 말라카 해협과 남중국해입니다.

　그래서 남중국해에 문제가 생기면 우리나라로 들어오는 석유가 늦어지거나 아예 막힐 수도 있어요. 그렇게 되면 주유소 기름값이 오르고, 물류비가 올라서 물가도 함께 오를 수 있어요.

　게다가 우리나라는 무역을 많이 하는 나라입니다. 자동차, 스마트폰, TV 같은 물건을 다른 나라에 팔아요. 그런데 이런 물건들도 남중국해를 통해 오가요. 이 바닷길이

막히면 무역도 힘들어지고, 우리 경제에 큰 영향을 줄 수 있어요.

마지막으로 남중국해 문제로 중국과 주변 나라, 그리고 미국 사이에 갈등이 점점 커지고 있어요. 우리나라는 미국, 중국과 모두 깊은 관계가 있어요. 그래서 남중국해에서 다툼이 커지면 우리 외교도 어려워지고 세계 평화에도 나쁜 영향을 줄 수 있어요.

멀리 있는 바다 이야기처럼 보이지만, 남중국해는 우리나라 에너지와 무역, 그리고 평화에 아주 중요한 곳입니다.

● 에너지가 많으면 나라가 더 안전해질까?

....

....

....

● 기름값은 시장에 맡겨야 할까? 정부가 조절해야 할까?

....

....

....

● 모두가 재생에너지를 쓰면 전쟁이 줄어들까?

....

....

....

제3장

점점 뜨거워지는 지구, 에너지를 바꾸자!

지구가 점점 뜨거워지는 이유는?

미국이나 호주에 산불이 크게 났다는 뉴스를 자주 봤죠? 그런데 이제는 우리나라 동해안에도 겨울이나 이른 봄에 산불이 자주 발생하고 있어요.

　날씨는 일찍 더워져 '봄이 사라졌다'는 이야기를 듣곤 해요. 여름에는 너무 덥고, 비가 한꺼번에 쏟아져 홍수가 나기도 해요. 그러다 갑자기 가뭄이 들어 물이 부족하다는 소식에 한숨이 터져 나오죠. 우리만 그러는 게 아니라 전 세계가 비슷한 상황입니다.

　왜 이런 일이 부쩍 늘어난 걸까요? 요즘 **기후 위기**라는 말을 많이 들어요. 기후 위기는 지구 평균 기온이 오르면서, 우리 삶을 위협하는 다양한 기후 현상이 나타나는 것을 말해요.

지구가 온실가스 때문에 더워지고 있어요

태양은 자신의 에너지를 가시광선 형태로 보내고, 지구는 이 에너지를 흡수한 뒤 적외선 형태로 우주로 다시 내보내요.

그런데 이산화탄소, 메탄, 아산화질소, 프레온가스 같은 **온실가스**는 이 적외선 에너지를 가로막아 지구에 머물게 해요. 대기에 이런 온실가스가 많으면 지구 기온이 올라가고, 적으면 떨어집니다. 오랫동안 지구 대기에는 온실가스가 적절히 있어 생명체가 살기 좋은 공간이었어요.

만약 온실가스가 더 많이 늘어나면 어떻게 될까요? 더워지겠지요. 말 그대로 '찜통 지구'가 되고 마는 겁니다. 과학자들은 연구를 통해 인간의 산업 활동에 따라 온실가스가 늘어나고, 그 결

과 지구 평균 온도가 높아지고 있다는 사실을 밝혀냈어요.

세계기상기구(WMO)가 발표한 '2024년 전 지구 기후 현황 보고서 최종본'에 따르면 2024년 전 지구 평균 온도는 산업화 이전(1850~1900년)보다 1.55(±0.13)도 높아졌어요.

화석연료를 태우는 것이 문제의 시작이에요

인간이 만들어 내는 온실가스 가운데 가장 많은 양을 차지하는 것은 **이산화탄소**죠.

이 이산화탄소는 인류가 산업 활동을 하면서 석탄, 석유, 천연가스 같은 화석연료를 태울 때 생겨요. **화석연료**는 땅속에 오랜 세월 묻혔던 생물의 사체가 썩어서 만들어진 연료를 말해요.

지구 평균 기온이 높아지면 지구 생명체에 위기가 닥쳐요. 온도가 올라가면 극지방에 있는 **빙하**가 녹아 버려요. 북극의 빙하는 지구에 들어오는 햇빛을 되받아쳐 우주로 내보내는 역할을 해요.

빙하가 녹아 버리면 그 역할을 못 하게 되니, 지구 기온이 올라가겠지요. 게다가 남북극의 빙하가 녹게 되면 바닷물의 높이가 높아져 해안가 근처에 있는 도시가 물에 잠길지도 몰라요.

위험은 여기에 그치지 않아요. 폭염, 가뭄, 산불, 대홍수가 일어나 사람의 삶의 터전을 위협하는 것은 물론이고 다른 생명체도 살아남기 힘든 환경이 되고 만답니다.

인류는 지구를 지키기 위해 약속을 했어요

2018년 인천 송도에서 열린 IPCC 제48차 총회에서 과학자와 각국 정부 대표는 중요한 약속을 했습니다. **지구 평균 온도**가 1.5도 이상 오르면 심각한 위기가 벌어진다는 데 의견을 모았어요. 그래서 지구 평균 온도가 더 오르는 것을 막기 위해 이산화탄소 배출량을 2030년까지 2010년에 비해 45%를 줄이기로 약속했습니다.

더 나아가 2050년에는 **넷 제로**(Net Zero)를 이루기로 했습니다. 이 말은 온실가스 배출량과 흡수량을 같게 하여 순배출량이 0이 되는 것을 뜻합니다.

이 목표를 이루려면 다른 무엇보다 화석 연료 사용을 단계적으로 줄여 나가야 해요. 이제 인류는 쉽지 않은 도전에 나서게 됐습니다.

미국이나 호주에 산불이 크게 났다는 뉴스를 자주 봤어.

우리나라도 동해안에 겨울이나 봄에 산불이 자주 나잖아!

봄이 짧아지고, 여름엔 폭염과 폭우! 그러다 또 가뭄이 찾아와요.

온실가스가 태양열을 가둬서 지구 온도를 올린 탓이에요.

석탄, 석유 같은 화석연료를 태우면 이산화탄소가 생겨요.

지구가 계속 뜨거워지면 자연 재해가 일어나 사람은 물론 동식물도 살기 어려워져요.

온실가스 배출량과 흡수량이 같아지는 넷 제로! 지구를 살리는 길이에요.

빙하가 녹으면
왜 위험할까?

빙하는 북극, 남극, 높은 산에 쌓여 있는 아주 큰 얼음 덩어리예요. 빙하는 단순히 차가운 얼음덩어리처럼 보이지만, 사실은 지구를 보호하는 데 아주 중요한 역할을 해요. 하얀 얼음은 태양 빛을 반사해 지구가 더워지는 것을 막아 주지요. 이것을 '알베도 효과'라고 해요.

그런데 지구의 온도가 올라가면서 이 빙하가 빠르게 녹고 있어요. 얼음이 사라지면 반사할 수 있는 표면이 줄어들고, 그 자리를 어두운 바다나 땅이 대신하게 됩니다. 어두운 표면은 햇빛을 더 많이 흡수해서 지구를 더 뜨겁게 만들어요.

빙하가 녹으면서 바다로 흘러 들어간 물은 해수면을

점점 높이고 있어요. 과학자들은 100년 전보다 해수면이 약 20센티미터 높아졌다고 말해요.

최근에는 해수면 상승 속도가 더 빨라져서, 이대로라면 2100년까지 최대 1미터 가까이 오를 수도 있다고 해요. 그렇게 되면 몰디브, 방글라데시 같은 나라나 우리나라의 해안 도시도 위험해질 수 있어요.

또 하나 걱정이 있어요. 북극곰 같은 북극 동물이 살 공간이 점점 사라지는 거예요. 바다에 떠 있는 얼음은 북극곰이 사냥하고 짝짓기하고 새끼를 키우는 삶의 터전입니다. 이 얼음이 사라지니 북극곰이 멸종 위기에 놓인 것이지요.

● 친환경 제품은 더 비싸도 사야 할까?

● 기후 위기를 막기 위해 여행을 줄여야 할까?

● 환경을 위해 무절제한 소비를 촉진하는 광고를 규제
  해야 할까?

태양과 바람이 전기를 만든다고?

사용해도 없어지지 않는 환경친화적인 에너지원을 **재생에너지**라고 불러요. 햇빛·물·바람 같은 자연을 이용하기 때문에 석탄, 석유, 천연가스처럼 태우는 에너지와는 달리 이산화탄소를 거의 내보내지 않아요.

　석유나 천연가스는 몇몇 나라에서만 생산되기 때문에 안정적인 공급이 문제였지요. 대부분의 나라가 에너지를 수입해야 하므로 돈도 많이 들었어요. 재생에너지를 쓰면 에너지 독립의 길을 열게 되지요.

　우리나라는 법으로 재생에너지의 종류를 정해 놓았어요.

　첫째는 태양에너지입니다. 햇빛의 열과 빛을 이용하는 에너

지원이지요.

두 번째는 풍력에너지입니다. 바람을 이용해 바람개비처럼
생긴 기계를 돌려서 전기를 얻는 방식이지요.

세 번째는 수력에너지입니다. 댐으로 강물을 막아, 높은 곳
에서 낮은 곳으로 물을 떨어뜨려 전기를 생산합니다.

네 번째는 바이오에너지입니다. 식물
이나 가축의 똥을 이용해 전기나 자동
차에 쓰는 기름을 만들어요.

다섯 번째는 지열에너지입니다. 땅속
깊숙한 곳에 있는 열을 이용해 전기를
얻거나 난방에 쓰지요.

여섯 번째는 폐기물에너지입니다. 우

재생에너지는
자연을 이용하기 때문에
이산화탄소를
거의 내보내지 않아요.

리가 버린 쓰레기를 모아서 소각장에서 태우는데, 이때 발생한 열로 전기를 얻어요.

일곱 번째는 해양에너지입니다. 파도나 바닷물의 밀물과 썰물을 이용해서 전기를 만들어요.

끝으로 수열에너지가 있어요. 햇빛을 받아 따뜻해진 바닷물의 열을 이용해요.

이 가운데 이산화탄소를 배출하지 않고, 우리나라의 지리적 여건에도 맞는 것은 태양광 발전과 풍력 발전이에요.

태양광과 풍력은 어떻게 전기를 만들까요?

태양광 발전이란 태양 빛을 전기에너지로 변환시키는 기술을 말해요.

태양에너지로 전기를 만든다는 생각은 언제부터 했을까요? 1839년 프랑스의 물리학자 에드몽 베크렐이 금속 등의 물질이 빛에 쪼이면 전자를 내놓는 현상인 **광전 효과**를 최초로 발견했어요.

그로부터 약 30년 후, 독일의 물리학자 헤르츠는 셀레늄과 같은 금속에 빛을 비춰 전류를 발생시켰다고 해요. 상대성이론으로 유명한 아인슈타인이 이러한 발견을 수식으로 증명해 내면서 태양 전지를 본격적으로 연구했어요.

풍력 발전은 바람에 의해 바람개비(블레이드)가 회전하면서 발생하는 에너지를, 발전기를 통해 전기로 변환시키는 발전 방식입니다.

대류현상이 일어나는 곳은 항상 바람이 불어요. 풍력 발전기는 이런 바람을 전기로 바꿔 줘요.

지구에서는 뜨거운 공기는 위로, 차가운 공기는 아래로 내려가는 **대류현상**이 끊임없이 일어나요. 이 말은 대류현상이 일어나는 곳에서는 항상 바람이 분다는 뜻이에요. 풍력 발전기는 이러한 바람을 전기로 바꿔 줍니다.

수소에너지도 종류가 많아요

이밖에 **수소에너지**도 주목받고 있지요. 수소는 액체나 고압 기체로 저장할 수 있고, 운송이 쉬운 장점이 있어요.

문제는 천연가스에서 수소를 추출하거나 석유화학 공정이나 철강 산업 등을 만드는 과정에서 나오는 수소에는 이산화탄소가 생긴다는 점이에요. 이런 수소를 흔히 **그레이 수소**라 해요.

그래서 태양광·풍력 같은 재생에너지에서 나오는 전기로 물을 전기 분해해 생산하는 **그린 수소**만이 기후 위기를 넘어서는 데 도움을 줄 에너지로 보고 있어요

재생에너지는 인류가 가야 할 새로운 길이에요

지금 전 세계는 화석 연료로 전기를 생산하는 비율을 줄이고 재생에너지로 전환하는 속도를 높이고 있어요.

2024년 5월 영국의 글로벌 싱크탱크 '엠버'가 발표한 '세계 전기 리뷰' 보고서에 따르면 2023년 전 세계 재생에너지 발전량은 전체 발전량 대비 30.3%인 것으로 나타났어요.

물론 햇빛이 항상 비추는 건 아니지요. 비가 오거나 밤이 되면 태양광은 발전을 못해요. 바람길을 잘 잡아 풍력 발전기를 세우지만, 갑자기 바람이 불지 않는 때도 있어요. 하지만 최근에는 전기를 저장해 두는 장치가 만들어지고, 가격도 싸지고 있어서 이런 문제도 조금씩 해결되고 있어요.

재생에너지는 기후 위기를 막고, 에너지 독립도 가능하게 해 주어요. 에너

> 재생에너지는
> 기후 위기를 막고,
> 전기를 안전하게
> 만들 수 있게 해 줘요.

지 독립이란 다른 나라에 기대지 않고 우리나라에서 쓸 에너지를 우리 스스로 만들어 쓰는 걸 말해요. 이렇게 되면 전쟁이나 정치적인 갈등 때문에 에너지 공급이 어려워지는 일을 줄일 수 있어요. 그래서 재생에너지는 앞으로 인류가 꼭 가야 할 새로운 길이에요.

태양양과 풍력은
왜 우리나라에 맞을까?

태양광 발전은 햇빛이 많을수록 효율이 높아지는 에너지예요. 우리나라는 연평균 일조 시간이 약 2,000시간 이상으로, 태양광 발전에 적합한 조건을 가지고 있어요. 게다가 우리나라는 아파트, 공장, 창고 등 건물 지붕을 활용한 소규모 발전소를 설치하기 좋은 환경이어서, 태양광 설비를 도심 곳곳에 분산시켜 설치할 수 있어요.

풍력 발전은 바람이 강하고 꾸준히 부는 지역에서 전기를 생산할 수 있어요. 우리나라는 해안선이 길고 산지가 많은 지형이라 바람이 잘 부는 지역이 많아요. 이러한 지역에 설치된 풍력발전기는 자연의 힘을 이용해 안정적으로 전기를 생산할 수 있어요. 특히 최근에는 바다 위에 풍력발전기를 설치하는 해상 풍력이 활성화되면서, 풍력 에너지의 잠재력이 더 커지고 있어요.

우리나라는 국토가 좁고 인구 밀도가 높은 편이에요. 태양광 발전이나 풍력 발전은 작은 공간에 나눠 설치할 수 있는 분산형 발전이 가능하므로, 우리나라의 특성과 잘 어울려요.

실제로 우리나라의 재생에너지 발전량 중 가장 큰 비중을 차지하는 것은 태양광이에요. 한국에너지공단이 발표한 '2023년 신·재생에너지 보급 통계 확정치 결과' 자료에 따르면 2023년 기준으로 신·재생발전량은 60,400GWh로 총 발전량 대비 9.67%였어요. 이 중에서 태양광의 발전량은 33,236GWh로 신·재생에너지 전체 중 55%를 차지했어요. 풍력의 발전량은 3,392GWh로 아직 규모는 작지만, 해상 풍력 개발을 중심으로 빠르게 성장하고 있어요.

이처럼 우리나라는 태양광과 풍력 발전에 따라 안정적으로 에너지를 공급받을 수 있는 여러 조건을 갖추고 있어요.

● 재생에너지 발전소는 우리 주변에 세워도 괜찮을까?

....
....
....

● 환경 보호를 위해 개인의 자유를 제한해도 될까?

....
....
....

● 환경을 위해 물건을 덜 사는 게 정답일까?

....
....
....

지구를
살리는
우리의
작은 실천!

인류는 현재 엄청난 위기를 겪고 있어요. 이산화탄소가 많이 배출되면서 **지구 평균 온도**가 올라가고, 우리의 삶의 터전이 무너지고 있어요.

지구는 점점 더워지고, 산불, 가뭄, 해수면 상승 같은 이상 기후 현상이 자주 일어나고 있어요. 바다 온도가 올라가면서 바다 생태계가 위험해지고 있어요. 태풍이 자주 불고 폭우가 쏟아지기도 해요.

왜 이런 일이 생긴 걸까요? 산업화와 경제 성장만이 인류를 행복하게 해줄 거라 믿은 데 그 원인이 있어요. 이산화탄소를 배출하는 화석 연료를 바탕으로 더 싸게 더 많이 생산해서 더

많은 이윤을 얻고 풍요로운 삶을 살려
한 것이죠.

그럼에도 많은 사람이 더 많은 자원
과 에너지, 그리고 혁신적인 기술로 이 위
기를 돌파할 수 있다고 주장해요. 정말
그럴까요? 그것만으로는 안 된답니다.

우리가 사는 방식을 근본적으로 바
꾸어야 해요. 그렇지 않으면 정말 큰 위기를 맞이해야 할지도
몰라요. 어른 세대가 지금처럼 이산화탄소를 많이 쓰면, 미래에
는 청소년 세대가 더 큰 고통을 받게 될지도 몰라요.

온실가스는 수백 년 동안 대기 중에 남아서 기후에 계속 영
향을 줘요. 그래서 청소년도 함께 참여해 이 위기를 이겨내기

산업화와 경제 성장만이
인류를 행복하게
해줄 거라 믿었어요.
정말 그럴까요?

위해 무엇을 할 것인지 고민하고 행동해야 해요.

나라와 개인이 함께 힘을 모아야 해요

먼저 국가끼리 힘을 합해서 해야 할 일이 있어요. 대표적으로 **넷 제로**가 있어요. 2015년 **파리협정**에서 온실가스 순배출을 0으로 하자고 국가끼리 약속했지만 잘 지켜지고 있지 않아요.

개인도 할 일이 있어요. 2018년 전 세계 온실가스 배출량의 약 17%, 이산화탄소 배출량의 약 25%를 **교통수단**이 차지했다고 해요. 우리나라만 봐도 교통수단이 배출하는 온실가스가 전체 배출량의 13.7%를 차지해요. 대중교통을 이용하거나 걷거나 자전거를 타면 탄소 배출을 줄이는 데 크게 이바지할 수 있어요.

우리가 즐겨 먹는 **먹을거리**를 살펴보아도 무엇을 해야 하는지 알 수 있어요. 주요 식품별로 소비되는 식품 kg당 발생하는 이산화탄소 환산배출량(kg)은 양고기 39.2kg, 소고기 27kg, 치즈 13.5kg, 돼지고기 12.1kg, 연어 11.9kg, 닭고기 6.9kg, 참치통조림 6.1kg, 달걀 4.8kg, 감자 2.9kg, 쌀 2.7kg, 두부2kg, 콩 2kg, 우유 1.9kg랍니다.

건강에도 좋고 이산화탄소 배출도 줄이려면 채식주의자가 되면 좋아요. 그게 어렵다면 양고기나 소고기를 먹지 말고 돼지고기나 닭고기를 먹어도 여러 모로 도움이 되겠죠.

물건을 살 때도 신경을 써야 해요.

물건을 살 때도 에너지를 줄이는 데 도움이 되는 제품인지 알아보고 사는 게 필요해요.

재활용이 가능한 소재인지, 에너지 고효율 제품인지, 폐기물을 줄인 제품인지, 그리고 재생에너지를 사용한 물건인지를 알아보고 사는 노력이 필요해요.

그러면 기업이 그런 물건을 만들려고 노력할 거고, 그만큼 이산화탄소 배출이 줄어들어요.

청소년이 세상을 바꿀 수 있어요

우리가 일상에서 에너지를 절약하는 삶을 사는 게 중요해요. 이 모든 문제가 에너지 때문에 생긴 거니까요. 만약에 완전히 재생에너지만으로 살아갈 수 있다

결국 에너지가 원인이죠. 일상에서 에너지를 절약하는 삶을 살아야 해요.

고 하더라도, 일상에서 에너지를 절약하는 것은 계속 필요해요.

청소년이 할 일이 정말 많지요? 사실은 청소년 덕분에 전 세계인이 기후 위기를 심각하게 고민하고 실천 방안을 찾아 나서게 된 적이 있어요.

2019년 3월 15일 금요일, 전 세계 90여 개 나라의 청소년이 기후 위기 대응을 촉구하는 시위를 했어요. 이런 큰 사건이 일어난 것은 2018년 8월 스웨덴의 기후 운동가 그레타 툰베리가 시작한 **기후를 위한 등교 거부** 시위의 영향이었지요.

이 시위에서 청소년은 각 나라의 정치 지도자에게 기후 행동을 촉구했어

2019년 3월 15일
90여 개 나라 청소년들이
기후 위기 대응을
촉구하는 시위를 했어요.

요. 전 세계가 이 시위에 큰 관심을 기울였고, 마침내 정치 지도
자들이 변하기 시작했지요. 기후 위기가 현실이 된 미래를 살아
가야 할 청소년이야말로 이 위기를 해결하는 맨 앞자리에 서 있
어야 하는 것이겠지요.

요즘 지구가 점점 더워지고 있어요.
산불, 가뭄, 태풍, 해수면 상승….
삶의 터전이 무너지고 있어요.

사람들이 끝없이 자원을 쓰고,
탄소를 마구
배출했기 때문이에요.

탄소는 대기 속에 수백 년 남아요.
지금처럼 계속 배출하면
청소년들이 더 큰 고통을 겪게 돼요.

2019년, 전 세계 90여 나라
청소년이 기후 행동을 촉구하는
시위를 했어요.
정치 지도자도 움직였죠!

기후 위기를 막을 주인공은 청소년입니다.

기후 위기를 막는 착한 음식이 있을까?

우리가 매일 먹는 음식이 지구의 온도를 바꿀 수 있다는 사실, 알고 있었나요? 음식을 만드는 과정에서도 온실가스가 나와요.

고기로 만든 음식은 가축을 기르는 과정에서 많은 온실가스를 배출해요. 반대로 채소나 과일처럼 식물로 만든 음식은 훨씬 적은 온실가스를 배출해요. 그래서 '기후를 위한 착한 음식'이라고 부르기도 해요.

한국일보가 만든 '한끼 밥상 탄소 계산기'는 밥과 반찬, 국, 요리 등을 클릭하면 한 끼 식사의 온실가스와 자동차 주행 시 발생하는 온실가스 양을 비교해 볼 수 있어요. 발생한 만큼의 온실가스를 줄이기 위해 나무를 몇 그루 심어야 하는지도 알려줘요(https://interactive.hankookilbo.com/v/co2e/).

예를 들어 볼까요? 사이트에 들어가 먹고 싶은 음식을 클릭해 보세요. 한 끼에 쌀밥, 된장국, 소고기 장조림, 어묵, 고등어구이, 달걀찜, 무생채를 먹고, 후식으로 사과를 먹는다고 가정해 봅시다.

이 한 끼 식사로 7.5kgCO2e(이산화탄소환산량)의 온실가스를 배출했고, 이는 승용차 한 대가 31.3km 이동할 때 배출하는 온실가스와 같아요. 배출된 온실가스를 흡수하기 위해서는 소나무 1.1그루가 필요하다고 합니다.

같은 식단으로 하루 한 끼를 한 명이 일주일 동안 식사하면 배출하는 온실가스는 52.6CO2e입니다. 이는 소나무 8그루가 1년간 흡수하는 이산화탄소량과 같습니다.

● 기후 위기에 청소년도 책임이 있을까?

....
....
....

● 환경을 생각하지 않는 친구를 비판해도 될까?

....
....
....

● 기후 행동을 하면서 친구를 잃는다면, 계속해야 할까?

....
....
....

판도라의 항아리를 닫아라!

프로메테우스는 제우스의 명령을 어기고 인간에게 불을 선물했다가 큰 고통을 당했어요. 제우스의 분노는 계속되어서 인간까지 벌하기로 했어요.

제우스는 헤파이스토스에게 최초의 여성인 '판도라'를 진흙으로 빚게 하고, 이 여성을 에피메테우스에게 주었습니다. 현명한 프로메테우스는 동생 에피메테우스에게 제우스가 주는 선물은 절대 받지 말라고 당부했지만, 아름다운 판도라에게 반한 에피메테우스는 형의 충고를 어기고 아내로 맞이했어요.

판도라는 호기심이 많은 성격이었어요. 제우스는 판도라에게 항아리 하나를 줬는데, 그 안에는 인간에게 불행을 안겨 주는 온갖 재앙과 악덕이 들어 있었어요. 열어 보면 안 되는 항아리였지만 결국 판도라가 그 뚜껑을 열고 말았어요.

어떤 일이 벌어졌는지는 상상이 가나요? 온갖 불행이 인간

이 사는 세상에 가득 차게 되었어요. 그런데 판도라가 깜짝 놀라 항아리 뚜껑을 닫았는데, 이미 나쁜 것은 다 빠져나가고 항아리 바닥에 희망만 남았다고 해요.

이 신화를 인간이 화석연료를 마구 써서 기후 위기를 맞이한 오늘의 상황에 빗대면, 전혀 새로운 뜻을 띠게 됩니다. 판도라의 항아리를 '대지'라고 생각해 봅시다.

긴 세월 동안 인류는 화석연료를 바탕으로 놀라운 성장을 했어요. 하지만 판도라의 항아리 격인 대지의 가슴을 열고 거기서 끄집어내 쓴 화석연료가 결국 지구 평균 기온을 높여 온갖 자연재해가 생겼어요.

이제 인류는 깨달았어요. 판도라의 항아리를 닫아야만 비로소 희망이 남아요. 화석연료를 더는 사용하지 말아야 해요. 그동안 깊이 파헤쳐 온 대지의 가슴을 닫아야 해요. 그래야 비로소 인류의 희망이 보여요.

화석연료를 쓰지 않으면 우리는 어떻게 살아갈 수 있을까요? 대지의 가슴을 닫는 대신, 인류는 에너지를 얻어내는 방법을 찾았어요. 햇빛, 물, 바람이에요. 판도라의 항아리를 닫아야 비로소 희망이 남게 된다고 했잖아요. 아직 우리에게는 희망이 남아 있습니다.